万川
reflections

一
步
万
里
阔

快乐

Cheerfulness

一部关于情绪的文化史

A Literary and Cultural History

Timothy Hampton

[美] 蒂莫西·汉普顿——著

乔晓燕——译

中国工人出版社

图书在版编目（CIP）数据

快乐：一部关于情绪的文化史 /（美）蒂莫西·汉普顿著；乔晓燕译. --
北京：中国工人出版社，2023.10
书名原文：*Cheerfulness:A Literary and Cultural History*
ISBN 978-7-5008-8296-1

Ⅰ.①快… Ⅱ.①蒂… ②乔… Ⅲ.①快乐－研究 Ⅳ.①B842.6

中国国家版本馆CIP数据核字（2023）第223417号

著作权合同登记号：图字 01-2022-6099

Zone Books
633 Vanderbilt Street
Brooklyn, NY 11218

The simplified Chinese translation rights arranged through Rightol Media（本书中文简体版权经由锐拓传媒取得Email: copyright @rightol.com）

快乐：一部关于情绪的文化史

出 版 人	董 宽
责任编辑	杨 轶
责任校对	张 彦
责任印制	黄 丽
出版发行	中国工人出版社
地　　址	北京市东城区鼓楼外大街45号　邮编：100120
网　　址	http://www.wp-china.com
电　　话	（010）62005043（总编室）（010）62005039（印制管理中心） （010）62001780（万川文化项目组）
发行热线	（010）82029051　62383056
经　　销	各地书店
印　　刷	北京盛通印刷股份有限公司
开　　本	880毫米×1230毫米 1/32
印　　张	9.75
字　　数	300千字
版　　次	2024年1月第1版　2025年1月第2次印刷
定　　价	68.00元

献给杰茜卡、埃米莉、索菲亚
爱你们

一个人为什么不说说笑笑呢?
您瞧，我的母亲多么高兴，
我的父亲还不过死了两个钟头。

——莎士比亚，《哈姆雷特》（第3幕第2场）[1]

只要把你的脚
对着朝阳的街面。

——多萝茜·菲尔茨（Dorothy Fields）

① 译文选自《莎士比亚全集》（朱生豪等译），人民文学出版社，1995。本书页下注均为译者所作。

目录

第二部分

快乐经济学与资产阶级文化

引　言

快乐——一种感染力，一种力量

智慧的最可靠的标志是持续的快乐与满足。

它的地位就像月亮之上的存在，永远安详。

——蒙田（Montaigne）

《论儿童教育》（*On the Education of Children*）

本书旨在研究快乐的多种形式及其在西方文学、哲学创作中的运用，研究范围涵盖从中世纪末到21世纪的作品。快乐是一种情感能量，它可以让人们在短时间内保持精神振作。对于快乐，我们可以有一些掌控力，正如那句俗语所言："振作起来!"正是这种掌控力使它有别于"激情"，后者一直以来都能够俘获自我。快乐与"幸福""忧郁"这些情感也是泾渭分明的，因为它们不以我们的意志为转移，也不被我们所控制。而你可以"让自己"快乐起来。当然，这并不是快乐的专有特征，我们也可以让自己"平静下来"。快乐同样被我们与他人之间的互动所塑造。在接下来的篇章中，我们将会了解，快乐是一种主观情感，它也具有社会性。它可以在自我之外产生作用，尽管如此，我们似乎也可以将其善加利用，为自己造福。

快乐并不像愤怒和喜悦，会让我们灵魂出窍。快乐是温和的，它对即将到来的时刻进行情感微调，它是一种短暂的轻松，是一种情绪的轻微上扬。“好时光会突然降临，小小地期待一下吧，”在1638年出版的《忧郁的解剖》（*The Anatomy of Melancholy*）中，罗伯特·伯顿（Robert Burton）写道，“振作起来吧，不要犹豫”“小小地期待一下吧”。[1]

也许正是由于快乐是温和的，所以它一直以来都被文学和哲学研究者所忽略。他们往往关注更热烈的情感，如愤怒、喜悦、忧郁。本书旨在使读者注意到快乐是一种自我认知的力量，也是写作中的重要元素。我想研究快乐的种种形式以及运用。换言之，我对二者怀有浓厚的兴趣：人们如何谈论快乐；作为一个重要概念及关键术语，它如何在故事和哲学思辨中发挥作用。在双重聚焦之下，我们将追溯快乐之情感源流，跟随其在不同文体中的变化——从宗教改革时期的神学评论，到现代美学，不一而足。

哲学家巴鲁赫·斯宾诺莎（Baruch Spinoza）将快乐与其他自我情感区分开来，在他看来，有些快感能征服你的身体，而快乐则同时存在于身体和心灵之中，有助于调节身心平衡。快感如果过度，则适得其反，有损身心健康。过度快感的解药是快乐，正如忧郁的解药同样是快乐。“快乐总是好的，”斯宾诺莎如是说，“而且它永远不会过多。”[2]因此，在自我情感之中，快乐是一种平衡之力。

古典及现代早期医学和哲学，为激情提供了一份完整的清单，这些不同形式的激情据说能够以不同的方式征服和塑造自我。哲学家们最常讨论的激情是愤怒和忧郁，而快乐被置于其中，则有些格格不入。快乐不是幸福，也就是亚里士多德所言的“幸福”（eudaemonia），它意味着道德上的不稳定。哲学家大卫·休谟（David Hume）称，快乐是一种“心灵的品质”[3]。而快乐是转瞬即逝、千变万化的。快乐不是乐观主义，它缺乏战略性和叙述性意味；快乐也并非希望，它不具有“希望”的哲学内涵和救世主姿态。快乐总是过于平和，无法和这些情感并驾齐驱。2008年，贝拉克·奥巴马（Barack Obama）以“希望”为名，在竞选中一举成功；而如果用“快乐”一词，则会毫无胜算。如果你谈论快乐，或许会让选民放松，但这会转为一场表演，而不是政治。快乐与政治无关。它是感性的，也是转瞬即逝的。然而它可以改变道德层面上的自我。[4]

在有关“自我”的现代词汇当中，大多来自我们内在与外在之间的脱节。在文艺复兴时期，这种断裂是通过诸如“伪装”、“洒脱”（sprezzatura）等概念来描述的。该理念来自巴尔达萨尔·卡斯蒂廖内（Baldassare Castiglione）的《廷臣论》（*Book of the Courtier*），此书认为最有效的行动应当全无努力的痕迹。照此而言，从作诗到击剑，一切都应该看似毫不费力才对。内心竭尽全力，而外表冷静轻松——自从中世纪末开始，即本书讲述的时间开端——这种朝臣身上内在与外在之间的脱节已成为约定俗成之惯例。[5]在弗洛伊德笔下，焦虑的女主角为内心的冲动所困，她既无法理解，又无法控制冲动，但为了能够在“正常”社会中生活，表面上还要表现得波澜不惊。这正是内在与外在脱节的现代倒置和模仿版本。

社会自我中的内在与外在的简单范式，由于快乐的存在而变得复杂起来。快乐将自我的内在与外在联系起来，并协调两者之间的关系。英语词汇“快乐”（cheer）起源于“脸”（face），因此快乐常常与这一身体部位有关。在后面的章节中，我会围绕这一情感，详述其词源及意义。即使不讨论其在英语中的含义，“快乐”一词的嬗变（法语为“gaieté”，德语是“Heiterkeit”）也将自我中的“内在”与“外在”联系起来，塑造内外之间的关系，使我们能够想象其存在的状态。1810年，法国作家斯达尔夫人（Germaine de Staël）的名作《论德国》（*On Germany*），明确了这一点。斯达尔夫人在书中强调了谈话对于自我情感健康的重要性，并讲述了“gaiety”一词的嬗变过程，这是英语词汇“cheerfulness”（快乐）的同义词。她写道：“人们为了表现得和蔼可亲，无论内在的性情如何，脸上都会带着快乐的表情，因而面部表情会一点点影响人们的体验。原本为了取悦于人，最后却塑造了自己内心的感受。”[6]

在描述快乐从外在到内在的变化，进而塑造身心方面，斯达尔夫人提供了有价值的方式。当然，她笔下所谓的交谈中快乐的起源（即为了表现得“和蔼可亲”），并不是放之四海而皆准，毕竟这些观点根植于她的贵族背景及法国重视诙谐的文化传统。尽管如此，她所描述的快乐之嬗变，即外在影响内在、面容塑造灵魂，却反复出现在许多作家笔下，从文艺复兴直到现在，绵延不绝。这一嬗变现在更是出现在各类灵修导师的推荐目录中，从佛教法师到心理治疗师，不一而足。在本书后面的章节中，您将看到不同版本的快乐嬗变过程。[7]这意味着快乐可以是一种技巧，一种管理自己并影响他人的方式。它属于哲学家米歇尔·福柯（Michel Foucault）所言的“自我技术”范畴，即通过这些技术和实践，我们得以成为特定的主体。[8]

快乐与“感染”有些共通之处，正如最近两位学者所言：“在人与人之间传递的强烈情感。”[9]在过去的几十年里，自我的感染力已经成为人文和社会科学研究的课题。萨拉·艾哈迈德（Sara Ahmed）对“感染力”的描述令人印象深刻：“它将不同的思想、价值、物体联系起来，并使之得以维系。”对于政治哲学家安东尼奥·奈格里（Antonio Negri）而言，“感染力”是一个“非场所”①，个人可以在此抵制晚期资本主义价值观——将交换视为衡量一切的标准。[10]

关于情感感染力的学术研究往往根植于对差异的关注，如一位学者所言：“某个人情感体验的独特性……一个人有别于所有其他主体的观点。”[11]然而，正如我在本书前面内容中所指出的，诗人和哲学家也常常将快乐置于集体的语境之中。快乐具有社会属性，它可能来自他人，也可能面

①non-place，即到处存在，同时到处不存在。

向他人。快乐是一种力量，一种能够影响周围人的能量形式。哲学家休谟称其为“火焰”“感染力”。它可以影响整个群体，并改变其成员之间的互动方式。对于悲观的法国哲学家布莱斯·帕斯卡尔（Blaise Pascal）而言，快乐的社会性同时是一种统治工具。在《思想录》(*Pensées*）中，他抱怨道，富有想象力的人在交谈中是“傲慢”并“快乐”的：“他们的欢快往往让自己赢得听众的意见。”在帕斯卡尔看来，快乐是额外加入社交之中的事物，在交谈中往往把我们的注意力从争论中引开。快乐不能改变争论，但它让我们更容易接受争论。这是一种对快乐“附加性”的认识，即它是一种渲染、补充或添加剂，相关讨论将会在后面章节中多次出现。这也许有助于理解为何拉尔夫·瓦尔多·爱默生（Ralph Waldo Emerson）将快乐称为一种“力量”。[12]正是由于快乐具有社会性——它可以塑造自我，也可以塑造他人——所以快乐可以被善加利用。在管理情感和影响他人方面，快乐能够成为一种可利用的工具。

在这里我们需要指出忧郁症与快乐之间的区别，以完善我们对研究对象的描述。从古希腊到19世纪的古典生理学，认为人体内有四种气质相互作用：多血质、黏液质、胆汁质、忧郁质。我们所谓的忧郁情绪状态是体内黑胆汁过多，身体中体液不平衡的结果。通常认为忧郁质与多血质是相对的。快乐往往与多血质密切相关。虽然它被称为“多血质”，其实并非一种气质，而是一种力量、一股冲劲儿，可以激发血气，对抗忧郁。如福柯所言，这是一种技巧或“技术”。即使你不是多血质，也可以让自己快乐起来，以快乐为武器，对抗忧郁。通过日常练习，可以制造或激发快乐。现代早期的医学著作和启蒙运动时期的举止手册都提供了如何激发快乐情绪的建议。正如一位17世纪英国匿名作家所建议："好酒""乐器和歌声"都是制造快乐、对抗忧郁的好办法。[13]

尽管快乐与忧郁之间的关系看似老生常谈，快乐却能够产生破坏性的力量，它可以搅乱周围的事物，使之不再安于现状。以赫尔曼·麦尔维尔（Herman Melville）的著名小说《水手比利·巴德》（*Billy Budd*）①为例，故事中经常用"快乐的"这个形容词来描述比利。而他的长官约翰·克拉格特（John Claggart）被比利所吸引，总是用一双忧郁的眼睛，满怀悲戚地盯着他。随着克拉格特对比利越发敌视，也越发痴迷，书中如此描述他的眼神："眼神里带着沉思和忧郁，目光追随着那快乐的海神许珀里翁（Hyperion）。"情节大体上围绕比利的快乐展开——一个英俊且雄心勃勃的年轻男人，比利的快乐打破了船上泾渭分明的森严等级。[14]这表明，快乐的个性根据角色的社会身份和所依附对象的不同，发挥着不同的作用。它以迥然不同的方式塑造了形形色色的角色，其用途不一而足。后面的章节将会分析快乐与性别认同、快乐与种族之间的关系。在对查尔斯·狄更斯（Charles Dickens）和霍雷肖·阿尔杰（Horatio Alger）的分析中，我们将再次探讨

① 出版于麦尔维尔去世之后的1924年。

麦尔维尔小说中的快乐与男性野心之间的不协调关系的隐喻。

对于文学研究而言，忧郁与快乐之间的区别具有充满趣味的意义。欧洲传统中一个重要的美学流派强调，忧郁是诗歌创作的一个重要因素。在他们看来，诗人都是忧郁的。阿尔布雷特·丢勒（Albrecht Dürer）的著名画像《忧郁》（*MelancoliaI*）被视为艺术家本人。在这里，快乐的重要性再次被忽略了。因此我将追踪相关的反历史，研究快乐与诗歌以及文学阐释之间的关系。我想探究快乐是如何引发文学问题的，以及阅读和写作是否可以算作快乐的活动。我想证明快乐不仅涉及道德和心理层面，它也具有美学意义。不仅如此，审美形式史，尤其是艺术创作的运作机制，也在我的兴趣范围之内。而现在，我们目睹传统文学文化日渐式微，对此，历史或许能够有所助益。

我的研究方法借鉴了情感研究的一些主题，在进行相关语言文学（研究文字的历史）、思想史、文学史研究时逐渐成型。人文学科和社会科学中的情感研究，大多关注当今社会晚期资本主义时期媒体的泛滥，以及电影和影像，因此本研究的历史维度和语言学视角曾经至关重要。而我将要说明的是，快乐在更早的时候就已经显现出它的现代形态。快乐的概念化始于中世纪末的宗教实践。虽然现在快乐是一个较为空泛的概念，但在过去的精神生活和集体生活中，它是一个重要的概念。今天我们的生活中与快乐相关的词汇（拉拉队、燕麦圈、欢呼）都是久远的过去在当下的回声，尽管现在几乎已经失去其精神内涵。我想仔细倾听那段早期历史的共鸣和回声。

首先，我们需要厘清一些研究参数。许多古代道德哲学思想都推崇稳定的存在状态。从苏格拉底出现之前的德谟克利特时代开始，古希腊人将这种状态称为“安乐”（euthymia）。正如德谟克利特的传记作者第欧根尼·拉尔修（Diogenes Laertius）所言：“行动的目的是安宁（安乐）……这是一种灵魂一直保持平静和强大的状态，不受任何恐惧、迷信以及其他情绪的干扰。”古罗马斯多葛派的塞涅卡（Seneca）将“euthymia”翻译为“心灵的宁静”（tranquillitas animi）：“一条稳定又有利的道路……一种安宁的状态，既不会抛入云霄，又不会跌落谷底。这就是宁静。”[15]后来的学者有时会把这个词翻译为英语的“cheerfulness”。在探寻快乐的源流时，我们不免会听到斯多葛派的历史回声，尤其是在蒙田和休谟这样的作家那里。然而我们也将看到，现代理念中的快乐包含着更多积极的社会性含义。这些概念的现代性也是本书将要讲述的内容。

同样重要的是，拉丁语中的“hilaritas”（欢乐）在古典文献中是一个重要词语，英语中的“hilarity”（欢喜）和“exhilarate”（令人兴奋）正是由这个词衍生的，用于描述热烈的交谈，以及一般性的欢愉。我们可以看到在现代早期，这个词常常被译为“cheerfulness”（快乐）。我们将要关注的是，对于英文版《圣经》和其他重要文本而言，新的多重含义如何在翻译过程中产生，进而被后来的作家所接受。正是这些多重含义构成了现代理念中的“快乐”概念。但本书并不是“文字研究”。我们也会探究快乐在特定文本中的影响，即使文本中并未出现“快乐”一词，它也像云彩一样飘荡其间。[16]

我们也应当区分“快乐”“安乐”与汉语中的“玩”“乐”，正如戴梅可（Michael Nylan）所指出的，这些词语有着截然不同的含义：“经过仔细研究之后，我发现‘happy’或‘cheerful’这些在英语中表示快乐的语义单位，在古汉语中意义明确，但其社会效价完全不同①。”戴梅可随后指出：“美国人眼中和快乐相关的几个美德词汇（如“快乐”的美德），似乎在汉语文言文中并不存在，而在文学作品中的缺席并不意味着在日常生活中的缺席。”梵语瑜伽传统同样很重要，值得留意，它强调“平静”，这个词通常被翻译为英语中的“快乐”（与“sumuka”和“sumana”有关）②，正是心灵净化的结果。这也与我下面将要探讨的现今西方理念中的快乐完全不同。[17]

与此同时，即使在西方传统中，由于快乐是中性的、平和的，所以常常没有那么引人注意。17世纪的道德哲学家奥巴代亚·沃克（Obadiah Walker）称快乐为“欢笑”（mirth）。沃克说，欢笑看似是“美德”，其实是恶习，而事实并非如此。而快乐，至少在沃克看来，的确堪称美德，然而“二者之间的界限很难划定”[18]。我们的任务是研究快乐体现出的非狂欢的理智，找出其不断变化的边界。正如快乐可以对抗忧

---

① 心理学中的“效价”指行为目标对于满足个体需要的价值。

② “sumuka”和“sumana”在印度梵文中是名字的变体形式。“sumuka”意为“面带微笑”或“美丽的脸庞”。“sumana”意为“花香”或“美丽的花朵”。

郁，它与幸福擦边，后者是快乐更极端的形式——喜悦、狂喜、酒神的狂欢，但快乐又没有越界而成为幸福。它在这些强烈情感的边缘徘徊，正如在17世纪玛德莱娜·德·斯屈代里（Mademoiselle de Scudéry）笔下的历史小说中，虚构人物克雷莉娅（Clelia）注意到，快乐和喜悦迥然不同。即使是最忧郁的人，也可能突然迸发出片刻喜悦，而快乐并非如此。"有时喜欢至极会让人叹气，而大笑则是快乐的终极形式。喜悦从来都不是无缘无故出现的，一定是由外部原因引起。而快乐不是，它会自发而生。当激情得到满足，必然会产生喜悦；可快乐无须借力而存在，尽管在外力的作用下，快乐可能会增多。"[19]

因此，快乐和节制有诸多相似之处，由于身心交融而表现出轻快自然。我们也会看到，因快乐具有节制的社会属性，所以有时被伪造出来。事实上，如果说极致的喜悦是一种毫无羁绊的狂喜，极致的忧郁沉思是一种精神瘫痪，那么快乐的反面并非喜悦，而是人造的快乐，这是一种快乐的假象，它是试图蒙混过关的策略，也是对社会关系的战略性操控。在后文探讨快乐如何塑造小说创作的章节里，还会提及这种"假快乐"。

本书讲述快乐的文学文化史，所有章节环环相扣，从中世纪末的欧洲到21世纪的美国。描述了在现代性出现的过程中，快乐的形式以及运用。第1—5章研究现代早期医学著作和神学话语中的快乐。我们会研究莎士比亚笔下的快乐政治，以及法国哲学家蒙田对快乐的重新定义。第6—9章主要探讨现代性在资本主义时期的崛起，涉及苏格兰启蒙运动时期的道德哲学和社会心理学（以大卫·休谟、亚当·斯密为代表）、英国古典小说的发展（简·奥斯丁、查尔斯·狄更斯）以及浪漫主义诗歌（威廉·华兹华斯）。在这里我们会看到快乐与其他主题交织在一起，包括经济生活、野心、工作以及社会认同。最后几章的重点是现代社会中的快乐研究，从拉尔夫·瓦尔多·爱默生和弗里德里希·尼采（Friedrich Nietzsche）开始。这两位作家从美学角度重新诠释了快乐的含义，并带我们认识了在20世纪中期消费资本主义背景下，快乐不断变化的功能。本书以哲学家西奥多·阿多诺（Theodor Adorno）和爵士乐手路易斯·阿姆斯特朗（Louis Armstrong）收尾，阿多诺的文章对艺术中的快乐持否定态度，而阿姆斯特朗则将快乐置于非裔美国人的表演背景之下，重新阐释了快乐。

在本书中，我们将会看到快乐从一个知识领域向另外一个领域的迁徙。现代早期，快乐与基督教理念及身心健康理论密不可分；启蒙运动时期，快乐的概念重新出现在关于社会美德的讨论、哲学对话以及友好交谈的理想范式中。19世纪，在新兴资本主义经济的压力下，快乐从公共空间退出，转向个人人格方面，成为一种性格特征以及个人野心和心理疗愈的因素。在现代社会，快乐已失去了精神和社会依托，沦为童子军阴郁的英雄主义以及推销员的蛇油广告。

我使用的研究方法并非从词语中提取抽象概念，罔顾其具体表象或语境。我也不会从心理学家或社会学家的角度，来说明人类“本来的”样子。虚构作品和语言文字才是我的兴趣所在。在本书的前几个章节中，我将特别关注一些关键词语的历史，以及这些词语依然保留的历史和社会经验。其原因是，中世纪晚期和现代早期文化，在语言层面比现在更加精妙，众多作家信手穿梭于拉丁文、希腊文以及各种新兴的民族方言之间。从快乐这个词语，也是一个英语术语中，可以发现快乐作为情感状态的历史。而我们只能相对负责地使用这个研究方法。在这些章节中，我会尽可能地研究有关快乐的非英语术语和概念，以及为英语中的“快乐”一词增加的丰富含义。通过在多种语言间切换，我们可以发现并描述某些词语的隐含意义。我感兴趣的是，词语如何被赋予了多重含义，语义层面的细微差别如何成为哲学思辨和小说故事的有力工具，进而构建和描绘人物的行动和感情。我将围绕不同的术语展开论述，这些术语在欧洲语言体系中均表示“快乐”的情感状态，在英语中为“cheerfulness”或“cheer”，德语为“Heiterkeit”，法语为“gaieté”。论述从文字研究开始，即关于“快乐”一词的词源及翻译，随后转向探讨作为情感状态的快乐，从作用、形象、场景的角度，探究快乐在虚构作品中的运用。

我为何要关注文学和语言层面？我们又如何得知当不同的作家讨论快乐时，他们谈论的是同一个事物？显然，我们无从知晓答案，正如我们不知道公元前5世纪雅典人口中的“民主”到底包括什么含义。我们也无从得知19世纪的哲学家能否与14世纪的神秘主义者“感知”到同样的快乐。但是我们可以看到，在不同时期、不同语言、不同类型的文本中，围绕“快乐”一词的隐喻、术语和例子都表现出惊人的一致性。对此，我们将会看到确凿的证据。文学为我们提供了文字的历史。在文学的虚构世界中，特定的词语用来描述特定的情感或行动。文学让我们了解说出那些词语会有怎样的感受，这些词语的意义内涵，能够企及的广度，以及使用的时机。它会带领我们进入一个充满意义的世界，那是一个截然不同的时空，在那里生活着与我们迥然相异的人。

此外，由于文学的虚构性，它可以为我们提供多种方式来观察语言的情感和伦理价值。当我们阅读《暴风雨》（*The Tempest*）时，我们可以研究当莎士比亚笔下的普洛斯彼罗（Prospero）说出“快乐”一词时，他想要表达什么；同时可以研究莎士比亚只让一位试图收复国土的意大利巫师（王子）说出这个词，他到底是何用意。让读者进入另一种语言世界和感官世界，是文学的众多馈赠之一。正如我们所见，即使是抽象的理论作家，如哲学家大卫·休谟和亚当·斯密，也会遁入文学殿堂，在他们的虚构场景中，我们可以思忖他们如何看待快乐及其作用。小说将我们带入意义之沼泽，为我们提供其他文学体裁所不能提供的丰富意义。由于我们不断在各种语言之间切换，分析反应、影响、引用等，意义之密集犹如沼泽之水草。[20]为了探索这一领域，我们需要一定数量的文学实地调查，也称作“细读法”。尽管过于详尽，希望对于读者来说，这不是一种负担。毕竟关注细节对于任何研究而言都是必要的，本书的细节之处不仅包括快乐如何被讲述，也包括快乐的作用。

我的研究主要关注北欧和英语语言传统，当然这并不意味着在此之外的文学传统中缺乏值得研究的快乐人物。这只是意味着，在本书选择的研究对象中，快乐是一个明确而值得思考的主题。而在我所涉猎的这些传统之外的作品中，并无作品体现出我将要讨论的细微差别和转变。例如，西班牙语中的快乐为“alegría”，来自拉丁文“alacritas”，在这个单词中，并无英语单词“cheer”所包含的变化和丰富含义。再举一个文学方面的例子，现代早期最著名的意大利诗人卢多维科·阿里奥斯托（Ludovico Ariosto）在其史诗作品《奥兰多·弗里奥索》（*Orlando furioso*，1532年）中，虽然摆出了喜剧的样子，并采用了轻松的态度，但“快乐”在语言层面是缺失的。在长诗结束部分，他表达出“allegrezza”的氛围，但在此“allegrezza”表示“欢欣”，并非“快乐”。[21]

接下来我要讲述的是一个关于文本的故事，其中快乐既是一种概念，又是一种力量，既可以被阐释，又可以被利用。这个故事关乎闪烁的火焰和转瞬即逝的力量，在现代情感史中稳占一席之地。快乐最初指的是一种身体状况，很快被赋予了社会的、哲学的甚至神学的含义。随着含义日渐丰富，它发展成为一种概念，既包含心理学上的细微差别，又包含道德暗示和审美力量。它有助于塑造自我，催生故事，建构哲学思辨。它已经成为神学、经济学、礼仪学、诗歌、社会进步，甚至政治和解的工具。它是一种力量的名字，这种力量曾一度被忽略、被低估。

第一部分

现代早期的快乐

第一章

身体、天堂、家园：快乐之地

关于面容的故事

在塞缪尔·约翰逊（Samuel Johnson）1755年编撰的《英语词典》中，对“快乐”这个条目的解释以两个定义开始。他告诉我们，快乐一词源于法语“chére”，意为“娱乐”，同时也源于西班牙语“cara”，意为“面容”。约翰逊的结论是:“看似在英语中，‘快乐’一词和这两者之间都有着某种联系。”约翰逊谦虚地承认自己的理解有些许混乱和困惑之处，这也呼应了长久以来有关这个词的理解所产生的困惑。“Cheer”的确与西班牙语中的“cara”（脸）有关，但它实际来源于古法语词“chiere”，最初这个词的意思并非约翰逊所言的“娱乐”，而是“脸”。无论是“cara”，还是“chiere”，都可能源自希腊文“kara”，意为“头”。

“脸”衍生出“娱乐”的过程本身，也是“cheer”一词演化出“快乐”含义的过程。[1]在本章和下一章中，我们将仔细分析“快乐”一词的形成，研究它的词源、翻译、借用及内涵。在抽丝剥茧中，我们才能看到现代意义上的“快乐”一词从何而来，它指的是一种轻快的情感力量，通过这种力量，人们可以塑造自我以及与他人的关系。在中世纪作家的笔下，当“快乐”作为“面容”出现时，它被赋予了一种特殊的情感力量。它随处可见，并且被用在不同的语境或情感历程中，这使得它的内涵更为丰富，在中世纪后期的神秘主义和宗教写作中，它也占有一席之地。16世纪，中世纪文化中“快乐”一词所表示的精神内涵将会回归，用来描述持有某种信仰的团体。

正如我在引言中提及，“快乐”一词在中世纪文化中的意思是“脸”。它是指人的面容，同时也有着更为丰富的内涵，这在文学作品中可见一斑。为此，让我们先来快速浏览一下杰弗里·乔叟（Geoffrey Chaucer）的《坎特伯雷故事》（*Canterbury Tales*）。从乔叟开始讲起的意义在于，这本书写于14世纪90年代，描述的是一群朝圣者的故事，在故事的行动（action）描述中①，“脸”是一个重要的文学母题。因此，法官讲他的故事时“面容忧郁”（sobre cheere）。[2]在“骑士的故事”中，埃米尔耶（Emelye）与戴安娜（Diana）讲话时“面容虔诚”。在同一个故事中，骑士帕拉蒙（Palamon）“带着谦卑的面容”下跪，随后“举着白色的旗帜，带着坚毅的面容”继续向前。[3]原文用了“cheare”和“face”来表示面容，这是语言学家所谓的双名词的佐证，即在一个词可以

① 此处的 action 译为“行动”，与亚里士多德的《诗学》相契合。

满足需要的情况下，有意使用两个词。然而双名词的使用在此并非赘述。法官“面容忧郁”指的是外表，而帕拉蒙“忧郁的面容”（Sobre cheare and face）在此处不仅是“chiere”或“cara”的同义词“脸”——位于人的脑袋前方的那一部分，而且含义要丰富得多。在《总引》中，修女编造了一个“宫廷的气派”（cheere of court），意为社会环境塑造的实际存在。在此，“cheere”暗示着一种表现方式，一种眼神，一种表情。它指的是脸，却不仅仅是脸。它也不是我们所认为的现代意义上具有积极意义的“快乐”。一般在这个词的前面，都会有一个形容词来修饰它。虽然它不仅是指身体部位，但本意却和身体有关。

这些自我的以及关于自我的标志，同样也可以用来形容陌生人之间的关系。《律师的故事》（*Man of Law's Tale*）里出现了叙利亚的苏丹，他热情地欢迎来自国外的商人，“格外开恩把他们款待一番，频频询问他们在国外的观感，以了解统统国家的文治武功，和他们看到听到的奇闻逸事”①。[4]这里的“笑脸相迎”不仅包括欢迎、招待，可能还包括提供食物——实际上它到底意味着什么，在此很难说清楚。其中的联系可能来自法语，因为在乔叟笔下的人物表现热情好客之前，法国人已经深谙其道。12世纪70年代，诗人克雷蒂安·德·特鲁瓦（Chrétien de Troyes）在关于兰斯洛特的传奇故事《大车骑士》（*Le chevalier de la charrette*）中，讲述了兰斯洛特将要

① 译文选自《坎特伯雷故事》（黄杲炘译），上海译文出版社，2013。

踏上一场苦旅，这场苦旅将会考验他的勇气、解放他的人民。临行之前，他在一对夫妇的家中受到热情款待。当他和部下骑马上前时，女主人迎以“快乐和幸福的笑容”（chère molt joyant et liee）。

我们应当注意这里使用的语法结构。我们会看到后来的作家会用到“快乐的面容”（cheerful faces）这个短语，其中“面容”是名词，“快乐的”是形容词。而在这里，我们看到的是“joyful cheer”，表示“快乐的面容”。“cheer”是名词，形容词是“joyful”，意味着在这个短语中，“cheer”并无情感内涵，它只表示呈现给别人的样子，需要一个形容词来修饰。克雷蒂安的作品中也出现过“chere dolente”，意思是“痛苦的面容”。有时，“面容”一词会单独出现，表示身体的一部分，比如一个女仆因坠入爱河而羞红了脸，她被问道：“亲爱的姑娘，谁把你的脸染成这样？”（Ma douce damoisele chiere, / Qui si avez teinte la chiere?）[5]即使在这个句子中，表示身体部位的“脸”由一个形容词来修饰，其重点是“染红的”。对于乔叟和克雷蒂安而言，“脸/面容”指的是表达情绪的身体部分，在此情感变成一种实实在在的存在。

在克雷蒂安的作品和乔叟的“叙利亚的苏丹”段落中，暗示了好客与“快乐的面容”之间的联系，而在中世纪和现代早期文学中，这种联系似乎已经是约定俗成。在莎士比亚的叙事体诗《鲁克丽丝受辱记》（*The Rape of Lucrece*）中，鲁克丽丝对强暴者塔昆（Tarquin）毫无戒心，将他迎至家中，“无邪的鲁克丽丝，安心接待了贵宾，/以殷勤和悦的风度，向王子表示欢迎；他外貌温文有礼，看不出内心奸佞”①。[6] 在克雷蒂安的诗中，人物关系只是在女主人的欢迎中得到暗示，而莎士比亚则以其特有的语言功力，利用人物的细微差别和复杂性，将好客、面容和自我呈现的关系明确地表现出来。为了表示确定无疑的欢迎，鲁克丽丝不仅“和悦”，而且“殷勤”，而塔昆的两面性——他那伪装出来的面容——破坏了内在自我与面部表象之间的联系。莎士比亚在此创造了两种面容。对于鲁克丽丝而言，她的面容与灵魂、身体与道德，是统一的，而塔昆则是分裂的。

因此“笑脸相迎”的举动将身体部位、情感呈现、好客礼仪结合了起来，其中涉及如何通过与他人的关系来建立自我。如果把这种特别的“笑脸相迎”形式置于封建文化的背景之下，我们便可以理解背后的逻辑所在了：当时的贵族生活在互不相邻的城堡中，周围的邻居可能暗藏敌意。对于突然登门的不速之客，杀掉他们大概不失为谨慎的防御反应。相反，“笑脸相迎”则不那么暴力，它成为礼貌的标志——我们也可以称其为文明本身的标志。热情好客与身体表达之间的联系可以解释中世纪之后法语词汇“chiere”最常见的用法。这也是塞缪尔·约翰逊所想到的表达，由此“笑脸相迎”很快成为庆祝或举办宴会的同义词。此后，法语词汇“chiere”（正字法修改为“chère”），与英语词汇“cheer”一

① 译文选自《鲁克丽丝受辱记》（杨德豫译），《莎士比亚全集》，人民文学出版社，1994。

样，不再表示身体部位，而是成为节日或丰收的同义词。通过用法上的扩展，“cheer”开始有了物质内涵，因此产生了以分享食物为团契标志的传统。慷慨的主人“笑脸相迎”，意味着围着餐桌其乐融融，“cheer”也开始包含食物和饮料的含义。

神之面容与笑脸相迎

然而，快乐也具有神学意味。在乔叟之后的一段时期中，涌现出一批由隐修作者创作的灵修作品。所谓的隐修作者是指他们并非由天主教会指派进行创作。这些作者当中最有影响力的是诺里奇的朱利安（Julian of Norwich）和玛格丽·坎普（Margery Kempe），是她们拓展了对宗教和虔敬的思考，使之不再是神职人员的专利。这些作品大多是由女性作者完成的，并非出于偶然。朱利安和坎普等作家唤起了一种个人的宗教体验——这是一种未经男性神职人员加工的体验。在她们的虚构作品中，团契是精神上的，而不是制度上的。正如我们从克雷蒂安笔下的女主人和莎士比亚笔下的鲁克丽丝的行为举止中所见，快乐的行为往往（不是绝对）被视为女性特质。对于这些作者而言，“快乐”是一个重要的术语，因为它的含义丰富，她们可以利用它唤起宗教体验。

在英格兰的隐修传统中，诺里奇的朱利安的信仰追求最强烈，写作技能最丰富。在她的“幻象”（记录她看到神的幻觉）中，朱利安坚持认为神的美丽面容非常重要。正是由于神的面容对于朱利安而言至关重要，不出所料，在此她使用了“cheer”（通常拼写为“chere”）来表示神的面容，并通过使用这个词调动了多种感官联系，这些联系也正是我们在本书中一直给予关注的。对于朱利安而言，“chere”将面容与属灵祝福联系起来，“但是我看到他在他的房子里大行其道，用自己的喜悦和欢笑充满了整个房子”。在此，朱利安笔下神的存在是具有矛盾性的，他既存在于某地——他的脸（“但是我看到他”），又不只于某地（“使整个天堂充满”）。她的叙述通过转喻和横向的逻辑变化来反映上帝无处不在的神迹。

由于神学悖论强调，神既属于个人，又属于全宇宙，所以“cheer”一词的丰富性在描述绝对存在时大有用处。“chere”一词既表示身体部位，又表示情感力量，在此朱利安使用了其意义的重叠部分，与乔叟如出一辙。她用这个词语来形容上帝对于单个信徒而言的存在状态（“他在他的房子里”），也形容他无处不在，直到天堂。他的“面容”是可以看见的，你可以在神秘的幻象中看到，同时它是无处不在的祝福感。相比而言，我们也可以发现，在欧洲幻象传统中，与朱利安几乎处于同一时期的但丁·阿利吉耶利（Dante Alighieri）也是在幻觉之中得见神面。而朱利安则用“cheer”及两个形容词“有福的”（神之面容）和“荣耀的”（天国），来表示神之面容和受祝福是彼此的延伸。这也是为何神可以被得识异象者看见，与此同时又无处不在。

对于朱利安而言，“cheer”的双重含义同时具有时间维度，使她既可以描述一个历史时刻，又可以描述浸润在上帝之爱中的永恒。不仅如此，“快乐”在朱利安看来，也存在一个外部维度——它可以被“显示”在身体上，就像乔叟故事中“虔诚的面容”。同时，它也有内在的、纯粹的精神维度。这种双重性似乎是神无处不在的一种方式，神通过“双重面容”审视堕落的世界。当神看到亚当堕落时，他通过外在面容表达怜悯，通过内在面容表达“无尽的爱和正义”。因此，外在面容有两个维度，一个涉及“人的完全堕落”，即亚当的罪；另一个则是神对于人之罪的修复，也是人类历史的开端。朱利安说，当我们犯罪时，神带着欣喜的笑容，将我们迎回。在此，神只是通过显灵或露出他的面容，就体现出其无处不在的情感力量（通过二元词体现）。同时，“另一面”——内在面容——并未一分为二为堕落与救赎。它只呈现出完整的样子——“只有一个”[7]。

第16篇《启示录》记录了“面容”（cheer/cheare）的多个复杂含义，其中神至少有三种不同的面容：第一种是他在受难时的面容，第二种是他对于人们的罪过的怜悯和同情，第三种是我们将在天堂中看到的景象。对于这些，朱利安总结道：“我们不会停止哀悼、哭泣、寻找、渴望，直到我们见到他祝福的面容。”在这里，恩典有一个特定的居所，即神的面容，以此人们能够“到此”见到这副面容。同时“面容”在宇宙中无处不在，让天地万物得到祝福，直到时间的尽头。

朱利安对“快乐”概念的复杂扩展，反映了她想描述个人对于上帝的体验强度，这种体验是独立于教会干扰之外的，同时能够说明神在灵性团体（不一定从属于教会）中的集体体验。她将神之存在所带来的情感和道德提升，与流浪和回归的形象联系起来，这在玛格丽·坎普同一时期的作品中更容易理解。《玛格丽之书》（*The Book of Margery Kempe*）并不是神秘的幻觉记录，而是一本原生自传，记录了作者的灵性成长历程，以及她与多个民间、宗教团体的交往。在坎普这里，"cheer"开始具有原始的物质和团体内涵，正如前面章节中在好客传统中提到的。这本书中多次出现"good cheer"（笑脸相迎）的字样，用来描述社交关系。而此处的"cheer"的含义往往是多种多样、耐人寻味的。例如，在该书的开头部分，她讲到自己曾经被落下的横梁击中，竟然奇迹般地痊愈，后来又被一位"好人'怀勒姆的约翰'（John of Wyreham）"从废墟中拉了出来，她感谢这位好人的"好意和爱心"[8]。在此，两个词的意思接近，说明情感价值的提升和道德实践相辅相成。

"cheer"的含义是好客，这在该书中随处可见，由此产生了一个问题：属灵团契由什么构成？这对于任何一个书写宗教主题的隐修作者而言，都是一个核心问题。它是由教会定义的吗？它在教会之外存在吗？坎普似乎在书中暗示，属灵团契体验由"好意"和"爱心"而来。在第49章，坎普来到莱斯特，当地的修道院院长和修士们以"好酒"和"好意"相迎。当她准备离开时，"莱斯特的许多好心人来欢送她……并许诺等她下次再来时，她会受到更热烈的欢迎"[9]。友好的款待、精神的鼓舞、食物的供养，这些都密不可分。在朱利安和坎普的文字中，我们可以看到通过运用“快乐”一词在不同语境下的丰富含义，可以建立不同体验之间的联系，而这种联系在其他语境下并无相关性。对于朱利安而言，“快乐”是上帝的面容，而坎普的关注点则是“快乐”的社交层面含义。当坎普一再用“cheer”一词来形容修道院院长的好意、美味的食物、莱斯特人民的友好以及他们对于她日后再访的好客承诺时，我们可以发现她是如何使用这些词语，来表示灵性、团契、供养、好客是融为一体的。

书中其他章节中也体现了“快乐”与“欢迎”之间的联系，坎普到了诺里奇之后，先是去大教堂捐了一大笔钱，然后去拜访老朋友理查德·凯斯特（Richard Caister）。凯斯特邀请坎普到他家里，以表示欢迎，“他把她领到自己住的地方，尽情款待”。尽管坎普长途旅行之后风尘仆仆，凯斯特还是赞誉了她那令人愉悦的面容，他们吃了一顿好饭，宾主尽欢，然后才离开。[10]

因此我们可以看到，乔叟笔下去往坎特伯雷的朝圣者的“面容”（cheere），既表示情感力量，又表示身体部位，其双重含义作为语言资源，在后世作家那里得到了扩展和运用。15世纪的隐修作者用“cheer”解释宗教异象（朱利安），也用其将社会交往性灵化（坎普），尤其是在坎普的书中，团契与笑容形影不离，从而建立起“cheer”与团契之间的紧密联系。一个问题由此产生：是团契的快乐和好客催生了精神体验，还是恰恰相反？是宇宙中无处不在的神之面容让坎普和凯斯特共用圣餐吗？如果事实果真如此，热情好客则来自某种更高层次的精神力量。或是共用圣餐的快乐催生了灵性的愉悦？这些在15世纪隐修作者笔下暗示过的问题，将会在一个世纪之后，伴随着新教改革中团契与灵性的争论，重新浮现出来。我们将在下一章讨论相关问题。

第二章

捐献的情感力量

快乐的供给

从中世纪末期到现代早期的16世纪，随着“快乐”一词的语义逐渐丰富，它开始具有表示身体部位和团契美德的双重含义，并与当时困扰欧洲文化、政治的主要社会宗教问题交织在一起。这时一个新词出现了——“cheerfulness”，它是“cheer”的抽象名词形式，它将“cheer”的特殊用法及面容、好客、精神鼓舞等含义囊括进来，指的是其中的共性。根据《牛津英语词典》(*Oxford English Dictionary*)记载，这个词大约于16世纪30年代进入英语词汇。迈尔斯·科弗代尔（Myles Coverdale）基于其友威廉·丁道尔（William Tyndale）的早期译作翻译了《圣经》片段，在《马加比传上》第3章第2节的译文中，“cheerfulness”的所指中包括人们的慷慨供给，如前一章中玛格丽·坎普在旅途中受到的热忱欢迎。骁勇善战的马加比人的热情支持在这里被冠以“cheerfulness”。马加比人体现了坎普和朱利安盛赞的活力和力量。在14世纪约翰·威克利夫（John Wycliffe）的中古英语《圣经》（Middle English Bible）中，同样的一段话中使用的词语是“高兴”（gladness）；在武加大拉丁文《圣经》（Latin Vulgate Bible）中，则是“cumlaetitia”，意为“快乐地”，与钦定版《圣经》（King James Bible）中的措辞一致。因此，这些生龙活虎的战士声名远扬，“cheerfulness”开始进入英语词汇，表示“乐意”。[1]

这些翻译措辞的选择很重要。正如我们将要看到的，拉丁文《圣经》中的许多词语和短语，如“confidite”“bono animo”“constans esto”等，在翻译为英语单词“cheer”时，构成了一个意义交织的网络，使得拉丁文本或希腊文本中原本互不关联的场景和段落，现在相互呼应、彼此映衬。统一翻译为“cheer”之后，不仅为这些短语的所指限定了范围，并且有助于基督教英语语言的统一性和一致性，在语言内部建立起一个范围。在翻译溯源的过程中，也可以看到“快乐”的意义如何不断地丰富起来。在现代早期，这一术语主要指的是面容，随后衍生出含义更丰富的概念，汇集并融合了多种人类经验。《福音书》是16世纪“快乐”含义扩展的重要语言来源，而这些含义如何渗透入教会，则不太明确。

对于诺里奇的朱利安和玛格丽·坎普这两位作者而言，“快乐”一词具有重要的功能，它的含义丰富，既可以表示神秘主义经验的悖论，又可以将灵性价值观和社交聚会、好客礼仪等联系起来。然而在16世纪，快乐作为构成基督教教会的核心理念也陷入了危机。

在围绕新教改革的辩论中，圣保罗在他的书信中提出了捐献和团契的概念，这些概念的核心是要求基督徒欢欢喜喜地与弟兄姐妹交往，正如马加比人心甘情愿地履行职责，并“快乐地”作战。对此，《保罗书信》提供了两种范例。首先，在《圣经》的《罗马书》（*Romans*）第12章中，保罗宣布了基督教教会的著名教义：正如一个团体中有“很多成员”，对于教会的参与程度是由每人的“恩赐”所决定的。根据《圣经》的丁道尔译本和日内瓦译本对这一章第8节的翻译：让那些奉献的人朴实地奉献，管理的人勤勉地管理，而“施恩的人”应以“愉悦”的态度施恩。大约50年后，同样的词句在钦定版中也有重复。这个英语术语来源于圣保罗所使用的希腊语“ilaróteti”，意思是“以快乐的方式”。文艺复兴时期拉丁文化盛行，在武加大拉丁文《圣经》的译文中，“ilaróteti”翻译为“hilariter”，这显然来自希腊文。在拉丁文中，这个词会让人联想到罗马的快乐女神希拉里塔斯（Hilaritas），这也是经常出现在硬币上的形象。拉丁文中的奉献是愉快的。但奉献在英语译文中是“乐意的”（cheerfully），即满心欢喜，其中充满了乔叟和坎普作品中“快乐”所包含的情感力量。[2]

保罗在第三封书信中使用了同样的词语，即《哥林多后书》，也是给哥林多人的第二封信，信中讨论了他和哥林多教会的关系和事工。保罗说，对于教会而言，最重要的是努力捐献：“各人要随本心所酌定的，不要作难，不要勉强，因为捐得乐意的人是神所喜爱的。”（日内瓦版、钦定版）。拉丁文《圣经》第9章第7节原文是“Hilarem enim datorem diligit Deus”[3]。

奥利维尔·阿努勒（Olivier Arnoullet）1550年的法语版《白话圣经》，将上文中的“hilarem”翻译为“joyeusement”（意思是“快乐地”）。而西奥多·贝泽（Theodore Bèze）、约翰·加尔文（John Calvin）、克莱芒·马罗（Clément Marot）以及后来的塞巴斯蒂安·奥诺拉（Sebastian Honorat），通过短语“Dieu aime celuy qui donne gaiment”强调欢乐的气氛。路德的德语版《圣经》是“Einen fröhlichen Geber hat Gott lieb”，其中引入了“Fröhlichkeit”，这也是1882年版弗里德里希·尼采著作《快乐的科学》（*The Gay Science*）中的关键术语，稍后我们将做详细分析。[4]在英语中，用“乐意”（cheerfulness）来表达：“捐得乐意的人是神所喜爱的。”“不要作难，不要勉强”这句话可以帮助我们理解“乐意”的细微含义：乐意表示愿意捐献，并且随时做好帮助邻居的准备。同样，“不要作难”强调了乐意奉献者对于捐献行为具有自主权。在此，“乐意”与捐献无关，重要的是捐献时的心情，就像在乔叟那里，“cheer”不仅是物理存在的面容，而且是一种情感力量。

乐意与捐献之间的语言学联系在欧洲现代早期新兴的基督教人文主义文化中引起了共鸣。在16世纪欧洲最著名的知识分子鹿特丹的伊拉斯谟的著作中，二者之间的联系更加巩固，并获得了权威性。伊拉斯谟是一个温和派，他主张从内部改革天主教会，而不是像路德或加尔文那样与教会决裂。他谙熟古典文学和圣经文本，精通拉丁文和希腊文，在当时的影响力空前绝后。除了将《新约》从希腊文翻译为拉丁文（可与天主教教义所依据的圣杰罗姆的武加大译本相媲美），伊拉斯谟还为《福音书》和《保罗书信》撰写了详尽的批注和解读，这些工作使他与路德一样，成为当时最重要的圣经解释者。

在伊拉斯谟的保罗书信《释义》(*Paraphrases*)中，他对保罗所说的“捐得乐意”做出了详尽的批注。他补充说，一个人施舍时，不应求回报。“乐意的”捐献者不分供给的和得到的。这个细节之所以重要，是因为它可以区分基督徒的捐献行为与世人间的礼尚往来，而后者是亏欠与还债的关系。对于伊拉斯谟而言，遵守《新约》的基督徒“捐得乐意”(在此重复武加大版本中的术语“hilariter”)，仿佛捐资本者就是接受者，“以愉快的心情完成任务是双重的恩典，因为所做的一切既出于真心，又表现在外”[5]。我们对他人的捐献必须出自真心(ex animo)，同时又要表现得它本不属于我们一样，仿佛来自他人(ex alieno)，仿佛在捐献之前，它已经属于接受者。这才是应有的团契关系。

这处批注与伊拉斯谟的谚语集《箴言》(*adagia*)中的名句相呼应——“帮人帮及时，等于帮双倍”[6]。而在《圣经》的译文中，我们有了新的发现。上文所说的内(真心)和外(表现)，赋予了“捐献”的行为身体维度，即我与你的物理维度。快乐的社会层面开始包括身体维度。要“乐意捐献”，我们须克服内外分离。

“快乐”的身体含义在16世纪新教和天主教的神学著作中均得到体现。例如，伊拉斯谟的希腊语圣经《新约》批注很快被上文提到的迈尔斯·科弗代尔译为英语。在“保罗诫命”的批注译文中，科弗代尔为捐献者的形象勾勒视觉画面，强调她既要“乐意”，又要“欢喜”。[7]事实上，这里的措辞一再强调善意。“恩典”本身包含“感恩”的含义，而“乐意的捐献”会使之翻倍。在此，“乐意”成为一种补充，它使捐献得以完整，并增加其价值。有了善意加持，捐献将个体与教会联结起来，其纽带是我们“欢喜的样子”。因此它不仅是心意的问题了。[8]

科弗代尔完成的伊拉斯谟英语译文很重要，可以帮助我们在各种语言译本的纷繁庞杂的语义中，找到正确的理解。就“保罗诫命”中鼓励捐献的部分而言，伊拉斯谟的解释与武加大译本一致，都使用拉丁文词汇“hilariter”，表达捐献者的乐意。然而，《保罗书信》的英语译文和伊拉斯谟的批注中的核心词是“cheer”，在科弗代尔的《圣经》译本中为“cheerfulness”。拉丁文词汇“hilaritas”的语义范围很广，正如其他表示积极情绪的词语一样，也可能表示仿拟、讽刺、嘲笑（如英语词汇“hilarious”）或“欢笑”。相比之下，“cheerfulness”来源于身体部位及教会中的捐献行为，它控制了语义偏离，并限定了保罗这句话的含义。通过从“hilarity”到“cheer”的变化，科弗代尔译本规避了语言中出现仿拟和自相矛盾的现象，通过限定语义范围，使“快乐”成为基督教教会的一个核心理念。

同样重要的是，将“快乐”作为一个社会和伦理术语引入《新约》，可以起到术语统一的作用。在《使徒行传》（*Acts*）第23章第11节中，耶稣来到保罗身边，同保罗说话，希腊文本是“鼓起勇气”（tharsei），拉丁文本为“保持不变”（constans esto）。几天之后，保罗作了见证，拉丁文本为“出于善意”（bono animo），希腊文本为“乐意地”（euthymos），在此体现出意志选择上的细微差别（一个人说话也可能出于恶意）。而在英语文本中，上述短语全部用一个词“cheerful”表示，希腊文词语和拉丁文词语由此整合为一个单一的语义单位。通过“快乐”这个统一的语义单位，原本在早期《圣经》中毫无语言关联的场景和短语在英语版中变得相互关联，将教会历史（《马加比书》《使徒行传》）和道德规范紧密相连。

这样的关联也体现在钦定版《圣经》中，《约翰福音》第16章第32节记载了基督在受难前对众门徒说的话。英语版中的“cheer”一词，在拉丁文版中为“Confidite”，这是一个动词，其中词根“Con-fidere”的意思是“信心”（faith），英语词汇中的“信心”（confidence）由此而来。因此，拉丁文的意思是“有信心”。此处的希腊原文是“tharseite”，意思是“鼓起勇气”。而科弗代尔英语译本中的措辞为“放心”（“Be of good comforte”）。到了钦定版，这句话中的“comforte”改成了“cheer”，并沿用至今。

由于翻译的原因，基督的诫命的语义从原先鼓励人们，并保证他将回来（词根“fides”的意思是“信心”），演变为一种群体情感关系的投射。在此，语义的重点不再是“鼓起勇气”或“相信”，而是大家一起来“保持好心情”。这句话由希腊文翻译为拉丁文时增添了新的语义，而在武加大拉丁文译本被翻译为英语译本时，语义范围缩小，其复杂性也随之降低。其中的语义幽微之处正是我们一直在探寻的——通过捐献而产生的社会性参与、笑容、包含食物和饮料的团契活动、热情好客等。在此，严格意义上的神学信仰，即对无法得见的事物保持信心，完全被广泛的社交和道德层面的快乐所取代。它展示了一个基督教教会的形象——信徒虽分散各地，却因圣灵而团结在一起，从耶稣受难直至永生。在此，它赋予勇气以社会性维度。

"保罗诫命"强调"乐意的捐献"，在塑造和强化"捐献"理念中起到了重要作用，正如科弗代尔的译本所表明，其中增添了视觉成分，而"笑容"则可以追溯到中世纪的"脸"（chiere）一词。莎士比亚通过使用"和悦"和"殷勤"双重词汇，有意放大鲁克丽丝的热情好客。同理，《圣经》的英语译本中，保罗关于捐献和团契的诫命强调外表和样貌（looke）的重要性，而后者指的是"笑容"。于乔叟而言，"cheer"是身体部位；于诺里奇的朱利安而言，"cheer"是神秘的上帝面容；于坎普而言，"cheer"是供给身体的营养和自己受到的热情接待。笑容将团契、捐献、好客紧密相连，也将灵性幻象变成道德和社交实践。

对"快乐"的审查

我们可以看到在早期神学和道德哲学中，"快乐"变成一个具有调和作用的术语的过程及原因。"快乐"之所以独特，是因为它具有生理性维度，它可以表示“脸”——一个身体部位。因为我们都长着脸，它可以指“我”（不管我是谁），也可以指我在别人眼里的样子，从而具有社会性维度。因为快乐的语义中包含有好客和善意的意思，所以它也涵盖我与“他人”的关系问题，“他人”甚至可以包括陌生人或潜在的敌人。因此，它有助于巩固团契。除此之外，它在生理和心理方面的细微差别（与“欣然”或“欢乐”等概念有关），与忧郁中的反社会和抑郁含义相对，使它能够调和令人恐惧的忧郁气质。

由此可见，如果快乐可以反映个体与社会的关系，它的表现形式也可以作为反向推断出内在自我的证据，面容作为可视的证据，可以用来衡量信徒的团契和灵性参与度。如果团契的定义标准是快乐，那么根据你的长相——你的脸上是否带有可察觉的“快乐”，可以看出你是否属于教会成员。因此，快乐现在可以成为一种特殊身份的标志，也是是否参与某个特定团体的标志。它可以成为一种审查机制。

从伊拉斯谟到同时代的新教改革家约翰·加尔文，可以看到面容与团契之间的关系发生了变化。对于伊拉斯谟而言，“乐意的捐献”可以表示自己和他人之间的联系，而这种联系是早已经存在的，意味着你我都已经是更大的整体之中的一部分，都是基督的子民。我的东西甚至在给你之前，就已经是你的了。相比之下，对于加尔文而言，这种团契身份的表达性标志成为检验一个信徒团契的标准。因此，加尔文在《哥林多后书》第9章第7节的批注中指出：“各人要随本心所酌定的，不要作难，不要勉强，因为捐得乐意的人是神所喜爱的。保罗的意思是神拒绝那些吝啬付出的人，因为他不愿像暴君一样统治我们；而正如他称自己为我们的父亲，他也要求我们孝顺——还要及时且诚实。”[9] “乐意”对保罗而言是“不作难”，对于加尔文而言则是必须，要“及时且诚实”地乐意捐献。“乐意”已经不再是伊拉斯谟所谓的信徒之间早已存在的属灵和道德关系，它标志着对神是否尽责，内心是否充盈，以及是否充分参与团契。

至于是谁如前文所言“像暴君一样”，加尔文在《罗马书》第9章第1节的注释中有详细说明，他指出要区分真假基督徒（是新教徒还是天主教徒），可以看他们是否发自本心地“乐意”参与团契。关于保罗要我们把自己完全交给神的诫命，加尔文作了注释。

在此，乐意捐献的行为是成为神的选民的标志，这是自由的姿态，也是新教徒区别于天主教徒的标志。天主教徒靠着恐吓信徒使其信服，而新教徒则是出于自愿，欢欢喜喜地转向神，被神的“甘美”恩赐所吸引。然而，这并非普普通通的自由，这是一种必须表明态度的自由。否则，神会“责备”我们。当信徒自愿信神时，她的快乐不仅说明她感激神的恩惠，也是顺服和奉献的外在表现。由此可见，快乐产生了变化，它不再是伊拉斯谟眼中信仰的自然结果，而是正确信仰实践的基础。

快乐的外在表现现在已经成为正确实践信仰的标志。我们不仅要祷告，这是基督徒与神交流的必要条件，而且在祷告时，我们更要欢欢喜喜，面带笑容，毫无抱怨。在《哥林多后书》第12章第8节关于捐献的著名段落中，加尔文在注释中指出，保罗要求捐献行为“要轻松、乐意，担心如果他们的脸上带着自大的表情，会使神的恩典离开——这也是经常发生的事情”[10]。在此，加尔文将“快乐”的含义扩展到了社会行为方面。它是“自大”或骄傲的反义词，是社会关系的黏合剂，也是修复我们与神的关系的神器。不快乐则意味着破坏了团契。

加尔文关于“快乐是衡量虔诚的标准”这一理念的影响范围之广，在英格兰著名的神学家理查德·胡克（Richard Hooker）的作品中可见一斑，胡克在作品中一再重复“快乐的心”是顺从神的标志。在胡克1553年所作《关于骄傲本质的学术性布道》（*Learned Sermon on the Nature of Pride*）中，他罗列了骄傲者会遭到的种种诅咒，并哀叹“如果你不以快乐的真心来侍奉耶和华你的神，那你不会得到一丝快乐。饥饿、干渴、赤身，这些将与你常相伴”[11]。胡克认为，如果信众侍奉时不快乐，神不仅会“责备”信众，而且会惩罚信众。胡克还曾在其他场合讲道：“凡带着礼物来见神的人，必须同时带着一颗快乐的心，因自愿和坦诚的奉献是神所喜悦的。带着虔诚和热忱祷告，与带着乐意去捐献一样重要，这会让祷告和捐献有了活力和生命。”[12]因而必须通过“自愿和真实的喜爱”来表现出快乐，这是内心虔诚的标志。

在此最引人注目的是胡克的表达方式，他将表示心理强度的语言与表示生理甚至语言学能量的语言结合起来——

在祷告中“奉献”与“狂热”结合在一起，而“生命”与“活力”相联系。这就将快乐的面容作用扩展到整个身体层面，形成一种特殊的行动和讲话方式。随着快乐进入新教的神学语言体系，它的含义再次得到扩展，开始包括信仰者的行动——精力、热情和乐观。在此，快乐不仅仅指外表，还增加了对捐献和团契的性质描述。加尔文在《加拉太书》（*Galatians*）第5章第22节的注释中也有所提及，他将基督徒的自由与犹太律法相区别，用以嘲笑后者（他说这有关“圣灵中的喜乐”），同时将基督徒的自由与他在《加拉太书》中所倡导的团契相区别：“在我的理解中，这里的喜乐与《罗马书》第14章第17节不同，它是一种喜乐的行为方式，是我们在邻居面前所表现出的轻快，而不是悲伤。”[13]他在法语版本中概括了快乐的价值：“一种行为方式或做事的方式①。”在此，快乐的概念发生了变化，开始转向个体与他人的关系。

快乐的团契也体现在语言上。与胡克几乎同时代的约翰·多恩（John Donne），在1627年为丹弗斯夫人（Lady Danvers②）所写的赞美诗，盛赞了丹弗斯夫人在礼拜和诵经中的快乐精神。只要祈祷室的门一打开，“她就欢快地催促家人和伙伴们一同前往，‘为了神的缘故，我们走吧！’”而每一个礼拜日，她会带领全家“欢快地唱起《诗篇》（*Psalmes*），快乐地表演，将全体家庭成员团结在一起，并

---

① 原文为“unefaçondefaire”。

② 诗人乔治·赫伯特（George Herbert）之母。

与神在一起。神喜欢快乐的供给者，神更是一个快乐的供给者。诚然，他每晚都能在神圣的快乐中闭上眼睛，免于烦恼，也无忧伤”[14]。

在此我们看到快乐的最理想形态是集虔敬、团契、身份认同于一身。加尔文说快乐的供给者需要在外表中表现出来，在此通过行动、表演以及诗歌中的形象，使乐意供给者的形象具体化了。伊拉斯谟提出了一套关于捐献的理论，而多恩则认为自己本身就是礼物，因神“更喜爱乐意捐献的人”，关于如何表现快乐，《圣经》中已经有多处启示。因此，1622年多恩在林肯律师学院的布道中指出：

> 在《诗篇》中，神告诉我们要快乐，不要忧郁、愤怒、让人难以忍受，但快乐也应以克制的方式去表现。神的这些话语不是出现在神谕和叙事中，而在《诗篇》中。《诗篇》形式清奇，结构精良，一个音节不多，一个词语不少。因此，神的旨意通过《诗篇》传达给我们，这样我们可以更快乐、笃定地领受它。[15]

在多恩看来，《诗篇》所激发的快乐包括诗歌的形式、节奏、格律。结构的完整、诗句的规整，为雄辩增加了快乐和笃定。快乐在这里是一种写作风格，修辞力量与虔敬之心互为映衬。

在文艺复兴和宗教改革时期关于基督徒团契活动的记录中，快乐占据着中心位置。保罗所说的“乐意捐献”将早期作家笔下快乐的各种含义集合在一起，其重点是团契、精神上的提升以及自我表达。在多恩时代，基督教的敬拜实践进一步丰富了快乐的含义，使之与身体体验、团契的建立、诗歌本身的能量和形式联系了起来。快乐作为一种精神能量和力量，一种轻快的态度，在重新理解身体体验和欣赏圣经的修辞力量方面，起到了不可替代的作用。这种身体与文本之间的联系在现代早期的著作中多有体现，也延伸到医学和健康方面的作品。我们在下一章将会看到，快乐作为一个关键的概念，如何塑造医学、文学和道德行动之间的互动。

第三章

良药、礼仪、读物养生法

在现代早期的文学作品中，快乐成为一种可以塑造灵魂和治愈身体的力量，而后者更是实实在在的。它涉及各种活动与做法，哲学家、历史学家米歇尔·福柯曾说，16世纪的欧洲是一个“行为叛乱”[1]的年代。他的意思是这一时期的社会、政治和宗教变化受到塑造自我的新方式驱动，同时随之改变。文艺复兴时期的人文主义者对于古典作品的关注，再加上新技术的发展，如印刷术和欧洲发现火药的使用方式，催生了一整套学科与实践，让人们改变了塑造自我的方式：新的医疗手段、宗教仪式、异端和性文化、教育理念、饮食选择、宫廷及城市生活中的新仪式、餐桌礼仪的兴起——所有这些人类经验都在发生着变化，重新塑造了西欧人民的日常生活及自我认知。

这一章将探讨快乐在三个相互关联的领域中发挥的作用。我们在前文中已经了解了宗教团契中包含着快乐的身体形象。现在我们将转向医学话语，探讨快乐在健康方面起到的作用。鉴于文艺复兴时期的人文主义者总是将身体健康与得体的举止相联系，我们将浏览关于健康教育的著作，然后在本章最后部分，分析这一时期最伟大的散文作家弗朗索瓦·拉伯雷（François Rabelais）的作品。他既是医生，又是一名人文主义者，是他将关于快乐的讨论引入阅读的主题。从此，快乐不再仅仅与身体部位有关，而将全面进入文学视野，成为一种力量。

现代早期人们对医学的理解大多来自古希腊医生盖伦（Galen），其理论依据是身体状况由四种体液所决定——黑胆汁、血液、黄胆汁、黏液，可以通过加热、冷却、放空、增加来调节四种体液间的平衡。亚里士多德写过许多类似的文章，并在《问题集》（*Problems*）第30册中研究了轻松愉快的情绪与体液平衡之间的关系。他用一段话阐述了黑胆汁或“暴躁”体质的不同状态。亚里士多德说：它“原本混杂在身体里”，它是冷热混合物，像水一样，既可以是冷的，又可以是热的；当黑胆汁变冷时，它可以引起“惊厥、瘫痪、沮丧或恐惧，但当它过热时，会产生快乐（安乐），并伴随着歌声、疯狂和溃疡等”。[2]根据亚里士多德的说法，大多数人都有一些轻微的暴躁脾气，这是正常的。如果黑胆汁过多，则情绪易于波动。人们犹如喝醉了一般，热血沸腾，并进入“安乐”状态。当人们逐渐清醒后，会变得绝望，甚至出现自杀倾向。正是由于某些人体内的黑胆汁过多，他们才拥有“非凡的天赋，这天赋不是来源于疾病，而是与生俱来的”。

显然这与本书的主题，即现代意义上的快乐，还有很远的距离。在现代的快乐概念之中，既不存在爆发的疯狂，又没有破裂的溃疡。无论如何，亚里士多德将身体健康与情感丰富联系起来看待，对于后人具有启发意义。他认为身体是情感的中心，在同一句中又提到高声唱歌和皮肤长疮，仿佛二者之间并无任何区别。而对于后来的思想家而言，因为狂喜是在身体之内产生的，所以喜悦也能以更温和的形式存在于身体中，并成为健康生活方式的一部分。

在我们所关注的现代早期，医学思想家常常说快乐是对抗忧郁的力量。在谈到多血质时，“快乐”一词也常被提及，它既是灵性的表现，又是身心之间的调节剂。英国医生蒂莫西·布莱特（Timothy Bright）在1586年出版的著作《论忧郁》（*A Treatise of Melancholy*）中，将快乐称为与多血质有关的情感，或“多血质快乐”，以区别于“忧郁的悲伤”。然而，快乐并不完全是生理性的，只受体液平衡状态的影响。它主要是心灵的表达形式。布莱特强调，身体的体验方式会宣告（即清楚地表达）灵魂的激情所在，例如在听音乐时，我们或许会感到“沉重”“快乐”“激情澎湃”，或许会产生“愤怒”“温和”“恣意妄为”等情绪。[3]

他的灵魂“宣言”列表中的情感并不与四种体质一一对应。而有关举止的清单更是多种多样。这意味着快乐是心灵的外在表现，但快乐并不一定是由多血质的脾性所导致。事实上，因为快乐是外在表现，所以它可以成为对抗忧郁的手段。反过来，外部刺激可以人为地制造快乐，如一杯葡萄酒可以让人产生“奇妙的欢欣感”[4]（不建议喝第二杯）。因此，可以通过不同的方式制造快乐。布莱特强调，他所关注的忧郁症可以通过外部刺激来缓解，包括“欢快的音乐”和运动，这会使血液成为“快乐汁”“快乐之地”“高尚虔诚的快乐景象”。[5]在最后这句话中，蒂莫西把快乐景象同美德和虔诚联系在一起，显示出其行文中道德语言与身体语言的重叠。

荷兰医生列维努斯·莱姆尼乌斯（Levinus Lemnius）与布莱特几乎生活在同一时代，其著作中关于快乐之功能的记叙则更加详尽。在1561年关于“冷酷严肃”个性的讨论中，他将身体健康与饮酒和陪伴联系起来，在快乐情绪的作用下，后者开始具有物质性和社交性：

> 当一个人有良友相伴，心情愉悦时，相谈甚欢，时光易逝，在之后的几天里，他都会容光焕发，额头、眉眼、嘴唇（这些都是内心的写照），都显现出快乐的模样，其外表足以反映内心的快乐，因为欢笑、亲吻、打闹、跳舞、唱歌，这些都会让身体焕发生机，气色更好，血流更顺畅。[6]

会心的交流、美酒、“香吻与玩闹”，这些都会使身体状态变好——其功效并不只是一时，甚至可以持续数天。在此，交谈、亲吻以及欢愉景象中的快乐，与身体的健康状态联系了起来。

生理刺激能影响情感生活的假设成为实用的医学知识的一部分。因此，在莱姆尼乌斯和布莱特身后一个世纪之后的1696年，威廉·萨尔蒙（William Salmon）的《家庭辞典》

（*Family Dictionary*）面世，这是一部广为流传的“健康保护”指南，其中包含一份“制造快乐粉末”的配方，其配料包括丁香、罗勒、龙涎香、柠檬皮、象牙碎屑、金银叶、骨片以及雄鹿心骨屑。据说这种粉末可以“清新口气，恢复元气，消除内心莫名的忧虑”。“其服用剂量为取用10粒~20粒，任何容器均可。”[7]

早期的医学作者对于人的内在与面容之间的关系抱有浓厚兴趣。莱姆尼乌斯说，眉毛和嘴唇“书写着、诉说着人的内心”。在鹿特丹的伊拉斯谟那里也有类似的表达，我们已经在前文中看到过伊拉斯谟的《圣经》批注。欧洲作家关于身体的书写深受伊拉斯谟论著的影响，在他关于教育和举止的论文中，最著名的当数他在1530年撰写的《男孩的礼貌教育》（*Little Book about Good Manners for Boys*）。

在接下来的一个世纪里，这本书在北欧掀起了一股关于礼仪文明的写作热潮。作家们关注的是性格，尤其是通过面容所反映的性格，以及性格与自我状态之间的关系。对于伊拉斯谟和莱姆尼乌斯而言，身体是一本书，从中可以解读头脑和心灵的状态。伊拉斯谟在开篇中写道：“身体的外部礼仪来自有秩序的心灵。”写下这些句子时，他脑子里想的大概是《圣经》中的语句。《箴言》第15章第13节说：“心中喜乐，面带笑容。”①同时，伊拉斯谟认为这句话也可以反过来理解：

① 拉丁原文为“Cor gaudens exhilarat faciem”，钦定版则为“A glad heart makes a cheerful countenance”。

有序的身体可以令头脑庄重。莱姆尼乌斯只是简单地分析生理机制，而伊拉斯谟则更加雄心勃勃。他本人是完善自我的礼仪指导。因此，他告诉我们如何通过训练身体来塑造品格。这本书的第一部分全部为如何控制身体的建议，而这些建议都建立在一个假设的基础上：这是由有序的头脑和宁静的心灵带来的。人的面容应当整洁、平静、恭敬。最重要的是额头要光滑、“快乐”、“安详”。在此，伊拉斯谟使用的拉丁文词汇原文是在《圣经》批注中用过的“hilaritas”，现在再加上“serenus”。快乐的眉毛是“心地善良和思想开明”[8]的标志。

在伊拉斯谟和莱姆尼乌斯身上可以看出，在有关医学和举止的著作中，快乐是如何被视为内在的标志以及自我管理的技巧或工具。在伊拉斯谟描述快乐的用词之中，有数个也出现在后世作家的作品当中，其中包括“欢快”（hilarity）和“轻快”（“alacrity”，莱姆尼乌斯也使用了“轻快”这个词语），后者指的是在社交场合中所表现出的活力和轻快感。伊拉斯谟说，男孩之间的健康游戏的第一项要求应当是“轻快”（alacritas）和“自由”（liberalitas）。他也曾在给好友托马斯·莫尔（Thomas More）的信中提到，当昆汀·梅西斯（Quentin Metsys）为自己画像时，他由于误服胃药而上吐下泻，第二次画像时，面容、气色远不如第一次，因此不得不延期，直到身体稳定下来，让他可以为画家呈现出更“快乐的”（alacrior）面容。[9]

伊拉斯谟、布莱特、莱姆尼乌斯等作家都强调，自己可以在一定程度上控制身体，以轻快的方式展示自己。在不同的情境中，葡萄酒、愉快的交谈、不时求助于《福音书》，都有可能让人更机敏。通过以上对身体和灵魂之间的讨论，我们可以看到，快乐的概念已经从医学范畴扩展到举止礼仪范畴。至此，快乐不仅是一个描述基督徒团契活动的用语，而且是一个表示力量的术语，在现代早期社会新兴的教育风潮中，快乐将身体与自我塑造和社交实践联系了起来。

快乐的阅读

对于莱姆尼乌斯和伊拉斯谟而言，快乐不再是一个简单的描述性词语，它变成一种生理和情感资源，一种力量或工具，可以在身体内部起作用，也可以通过身体彰显效力。萨尔蒙甚至建议通过服用混合药粉来获得即时快乐。现在我们将聚焦于虚构文学世界，更好地了解快乐的作用。首先从与伊拉斯谟同时代的法国作家弗朗索瓦·拉伯雷（François Rabelais，1483？—1553）开始。拉伯雷是16世纪欧洲最重要的散文小说作家，也是伟大的现代小说开创者。在巨人高康大（Gargantua）和庞大固埃（Pantagruel）的故事中①，将我们

① 《巨人传》全书5卷，首先发表的《庞大固埃》为第2卷，后来发表的《高康大》为第1卷。作者先写了儿子的传奇，又回过头来补讲父亲的故事，在成书时才恢复了时间顺序。因此，《巨人传》又称《高康大和庞大固埃传》，单讲父亲或儿子的故事时，有时也会看到《高康大传》或《庞大固埃传》这些名称。

在上一章中所看到的基督徒道德哲学主题与莱姆尼乌斯、伊拉斯谟笔下的身体和健康叙事结合起来。由于他既是医生、基督教道德恪守者，又是身体叙事的寓言作者，由他来向我们展示快乐在宗教改革期间所起到的作用，最合适不过。

拉伯雷在谈到宴会和庆祝活动时，经常使用的法语短语是“bonne chere”，意思是“开心”（good cheer）。而在谈到情感、团契、健康时，他使用最多的词语却是“gaiety”或“gayeté”。在1534年《巨人传》序言中，拉伯雷将作品主题定为“身体的健康”，并将其与阅读的艺术相联系。他在一开始就把自己的书比作西勒努斯（Silenus）的盒子，这是古希腊人用来储存药物的盒子，外表装饰如羊蹄人西勒努斯（satyr Silenus）般丑陋，里面存放着治病的草药和药膏。拉伯雷说他的书便是如此，丑陋面具之下是有益的智慧。

这些智慧确实可以治愈我们的疾病，但读者要想治病，必须有正确的态度。首先，我们必须心甘情愿地钻研文本，就像狗努力咬住骨头，要吸出里面的骨髓一样。这意味着，即使文字已经给你带来快乐，读者也必须深入其中，找到作者想要表达的如文本之骨髓一样的精华信息。要做到这一点，我们要以更乐观、更“崇高”的心态看待文本：“碰巧，从这些你们以为从快乐之心中流淌出的文字中，体会更高深的意义。”这句话的法语原文是“en gayeté de cueur”[10]。这句话需要我们仔细体会。在上一章中，我们看到很多作者将“快乐的心”与基督徒团契相联系，在此，它是指作者的“快乐之心”。事实证明，在灵性、作者与团契的关系中，捐献也对文学产生了影响。读者在阅读中通过“碰巧相信”作者的好意而参与到阅读世界中。这不是严格意义上的宗教信仰，因为它只是“偶得之”——我们在阅读的过程中偶遇。这是对阅读的信仰，也是通过阅读获得的信心。作者的快乐之心通过文本中的语言传达给读者，而反过来读者也体会到最高深的意义。

正是“快乐”造就了身体的健康。拉伯雷在序言的最后部分，再次提及“快乐”主题：“现在，你们高兴吧，我亲爱的人，快快活活地读下去吧，愿你们身心舒坦，腰肢轻松！①”[11]因此，在两种语言的互译过程中，“gayeté”逐渐成为与英语词汇“cheer”对应的法语词汇。

即使没有“快乐”（cheer），“乐意”（cheerfulness）依然存在，它也可以被称为“欢乐”（gaiety）。这个词将快乐阅读与正确解读联系起来，在读者与作者之间建立起信心的纽带，围绕着书本建立团契，它也将作者的“快乐之心”与读者的身体健康联系起来。正如蒂莫西·布莱特和莱姆尼乌斯所言，音乐、调情、美酒可以让我们摆脱忧郁，快乐的阅读的确能治愈我们的肾病，但前提是要“快乐地”阅读，最大可能地体会作者的用意。从这个意义上讲，阅读和写作都是捐献的一种形式，无论是作者还是读者，都是“乐意捐献者”。

这是对文学力量的最高赞誉了，其历史悠久，可追溯到基督教早期哲学家圣奥古斯丁（Saint Augustine）所著的《论

① 译文选自《巨人传》（成钰亭译），上海译文出版社，2013。

基督教教义》(*On Christian Doctrine*)，奥古斯丁在书中提醒读者，宇宙中的一切现象都是上帝存在的信号。我们要做的是从这些现象中发现上帝的存在。当这些信号含混不清或令人困惑时，或者当我们面临互相矛盾的解读时，尤其是在阅读《圣经》的时候，最好的办法就是做出选择，选择能够让我们的信仰更坚定的解读，而不是动摇信心的那个。奥古斯丁写道："因此，谁要是认为自己了解《圣经》，但并没有加倍地爱神和自己的邻居，谁就完全没有读懂《圣经》。谁要是学到了对于团契捐献有益的道理，即使他没有说出作者明显的意图，他也没有弄错。"[12]我们通过爱邻人而爱神，捐献爱心能说明这一点。

拉伯雷借用以上解释来为自己的世俗的文学想法背书。他指出，尽管有时写书时自己喝得酩酊大醉，读者也应当尽力"以最完美的方式解读我的行为和话语"，为此他自创了一句意大利语"en perfectissime partie"①。如此一来，拉伯雷将奥古斯丁的文本重点重新定义为作者、文本、身体与群体之间的关系，阅读成为一种令人愉悦的活动。[13]

随着故事的展开，拉伯雷发明了一个古怪的名称来表示"快乐"，这就是"庞大固埃主义"，也是他在《第三部庞大固埃传》(*Third Book of Pantagruel*, 1546年) 中提出的观点。这是一种生活原则，即不接受任何"不好的东西"(*en maulvaise partie*)，而总是抱有"良好、坦率和忠实的勇气"。

---

① 意思是"完美的部分"。

在《第四部》（*Fourth Book*，1552年）的前言中，拉伯雷进一步拓展了“庞大固埃主义”的定义范围，将其与身体健康联系起来。在此，拉伯雷把自己比喻为一个医生（事实上他就是），到处寻找自己的眼镜，以便能看到读者并与之交谈。当他被问及健康状况时，拉伯雷告诉读者他身体很好，这要归功于“庞大固埃主义”，让他精神矍铄。拉伯雷对“庞大固埃主义”的解释是“某种快乐的精神，对于运气保持蔑视”[14]。在此，“快乐之心”让位于“精神的快乐”或“心灵的快乐”，从而演变为一种哲学理论。尽管这里也提到了偶然性因素，它塑造了早期的读者与作者之间的关系（在《高康大传》中，拉伯雷提到“碰巧，从这些你们以为从快乐之心中流淌出的文字中”），但这种塑造已经让位于对偶然性的蔑视。快乐作为阅读行为是否健康的标准，在此迁移为更广泛意义上的哲学话语。早期文学作品中的团契形象也随之让位于智慧的表达。

对“偶然的事情”漠不关心，这不禁让人想到受斯多葛主义影响的基督徒，他们将信仰当作堡垒，对抗命运无常。但此处的快乐也是以个人意志的姿态出现的，也表现出对偶然性的不屑。在《第三部》前言中，拉伯雷将其称为“个人财产”。要保持健康，第一要义是拒绝偶然性。在拉伯雷身上，这体现为他不仅对中伤自己名誉的官方审查和攻击不屑一顾，对16世纪中期法国的政治、宗教风云也熟视无睹。《高康大传》写于16世纪30年代，当时宽容和乐观的价值观大行其道，而写作《第三部》《第四部》时，欧洲的基督教政治和宗教渐行渐远，这两部书的基调比早些时候的作品阴暗得多，里面充满了政治寓言和尖锐的讽刺。而在危险的环境中，能让你保持健康的，就是拒绝日常生活中的庸庸碌碌。拉伯雷似乎在暗示：多读不一定有益，你必须拒绝偶然性，这样快乐才能够成为治愈的力量。

拉伯雷在著作中经常提及身体，正如在《第四部》序言的最后几段中，拉伯雷说："没有健康，生活就不是生活，就是生而不活（Sans santé n'est la vie, n'est la vie vivable）。"[15]对于拉伯雷而言，也许对于很多作家来说也是这样，阅读和写作是一种肉体实践。要治愈身体，就去寻找快乐。他通过"腌制"的形象来说明这一过程的物理性质：快乐经过"腌制"得以"保存"，以其来表示对偶然性的不屑。《第四部》中提及"某种精神上的快乐，要通过特别制作，来对抗偶然性"[16]。（"Conficte"一词来自拉丁文"comficere"，意思是通过腌制或慢炖来制作。）在此，"制作"也是一种锤炼，是对基督徒乐观主义的塑造，与远离世俗试炼联系在一起。

在《第四部》后面的章节中，我们可以看到快乐与叙事技巧结合在一起。《第四部》讲述的是庞大固埃带领舰队出海寻找神瓶上的预言，以确定好色又胆小的巴汝日（Panurge）到底该不该结婚。在故事临近结束时，舰队行驶到伪善岛（Island of the Hypocrites）附近，这时风浪渐渐平息，海上一片平静，船只无法前行，船上的人们都打起了瞌睡。当庞大固埃从睡梦中醒来时，约翰修士（Frère Jean）正高声问道："奉神（en grande alaigresse d'esprit）之名，怎么才能让海上起风?”脾气暴躁的巴奴日这时反问:“有什么办法来消除怒火?”庞大固埃的老师爱比斯德蒙(Epistemon)接着问:“奉神之名,你不需要小便的时候,怎么能小便?”有水手问:“如何与别人对视?”也有水手想知道如何在太阳底下饿着肚子睡觉。[17]

在荷马和维吉尔的古典史诗中,天气恶劣,船只偏航,往往是情节发展的推手。而在此,故事和航程都接近尾声。探索新大陆的故事早在16世纪中叶就已经开始在欧洲流传,因此海上无风、船只搁浅,这些情景对于拉伯雷的读者而言是最熟悉不过的。在《第四部》中,奇怪的天气也有丰富的寓意,要知道附近就是水手们都不愿涉足的伪善岛。在传统的旅行故事中,此时人们会祈祷奇迹出现,风向也许随之发生转变。而在这里,拉伯雷则另辟蹊径,在场景中加入了由“快乐”而滋生的精神力量。

庞大固埃告诉人们,他们的问题很快会得到答案。他宣布吃饭时间已到,大家都坐下来用餐。吃饱喝足之后,问题也随之消失:之前怒气冲冲的巴奴日不再沮丧,而是“快乐得像只鹦鹉”,爱比斯德蒙也可以小便了。当人们吃饱时,海上也起风了。在此得到治愈的不仅是精神和身体,还有陷入停滞的叙事。当被问及缘由时,庞大固埃回答说,何以发生并不重要。当他们一起举起酒杯时,与海风之间产生了“隐秘的共鸣”。赞美上帝时,如同双翼使鸟儿在空中飞翔,好酒也令人精神振奋,这是因为“他们的身体得到振奋(alaigris),在地上行事就会变得顺畅”[18]。

水手们的这顿大餐有着神圣的意义，让我们想起了圣餐。尽管“开心”（Bonne chere）这个短语没有出现，但开心的场景构建起来了。停滞的叙事得以重新展开，这也与身体需求有关。食物中有酒和面包——这正是圣餐的要素——也有肉（ce bon pain, ce bon vinet frays, ces bonnes viandes）。它与属灵相关，但不是严格意义上的神学，因为其中包含着肉体的、健康的以及文学的维度。在船上众人的问题中，有关于情感控制的、身体保养的、心理激励的，也有关于如何在太阳底下饿着肚子睡觉的。

拉伯雷将这个故事变成关于团契和情感的寓言，也验证了快乐在叙事进程中的作用。如果如伊拉斯谟、圣保罗、莱姆尼乌斯所言，快乐可以在人的身体和团契当中产生效力，那么在此我们也能看到它在叙事中的效力。当约翰修士首先提出“快乐的”这一问题，其他船员紧随其后时，对船员身体不适的治愈过程也就开始了。对身体的关注催生了团契和营养，反过来美酒消除了身体的不适，叙事进程得以继续，文本也得到拯救。

这些联系在本书中是第一次出现。在这里身体和团契与阅读和旅程叙事联系起来。那么治愈是否源于身体，如莱姆尼乌斯和蒂莫西·布莱特所言，美酒可使体内停滞之气重新热起来？或者治愈来自那些有关“快乐的”问题，来自那些庞大固埃所说的神奇奥秘，还是叙事传统本身？拉伯雷将虚构的旅程比作忧郁的身体，突然断航，又重新启动。在此，快乐的力量既具有医学意义，又具有灵性和文学意义。

要保持身体健康，似乎需要把自我从世俗世界的危险之中分离出来，在此拉伯雷借用了基督徒团契和捐献方面的术语，并由此将蒂莫西·布莱特和莱姆尼乌斯的生理主题同伊拉斯谟的灵性探索结合在一起。拉伯雷在文本中探讨了快乐与身体的关系的可能性及极限。他对快乐主题的探索已经超越了保罗诫命中的神学概念传统，转向快乐的心理力量。而由于他笔下的人物都是巨人，并不是有着“现实的”情感生活的典型的“现代”文学人物，所以拉伯雷得以把快乐置于文学背景之下，在疏离中将多种思想传统纳入其中。在拉伯雷笔下，快乐主题不仅涉及灵魂、身体、团契，甚至涉及海洋气候。

快乐主题在拉伯雷笔下以奇怪的方式推进：首先它来自对偶然性的拒绝，对海风的质疑以及阅读行为。而《巨人传》中快乐的阅读者风格迥异，有孤独的医生——从序言到《第四部》都在寻找治愈自己的良方，也有上文场景中见过的饥饿且困惑的水手，这表明快乐主题在文学世界的迁移，它不仅是《圣经》批注中的要素，也可以成为塑造世俗文化的新兴力量。拉伯雷借用了奥古斯丁的说法，把文本解读比作捐献行为，但他并未局限于此，而是将快乐扩展到个人意志、身体探索以及文学的治愈力量。正是作者以及好奇的旅行者之身体叙事，扩大了快乐概念的范围，使之不再局限于基督教教会的团契。

要知道拉伯雷写《巨人传》的时间，是在谷登堡发明印刷术的几十年之后，因此不难理解自我道德提升和阅读写作场景在书中反复切换。在拉伯雷之前，慷慨捐献与文本解读技巧大多与读经活动相关，至此扩展到个人意志及故事创作层面。拉伯雷笔下那些充满暴力的冒险故事、有关身体排泄的场景、饕餮的胃口、夸张的语言，令我们想到读者在这个世界上的角色，既是解读者，又是道德实践者。快乐的概念将文学、健康、伦理行动联结在了一起。拉伯雷通过让我们做文本的阅读群体成员，从而实现了三者的统一。在阅读的过程中，拉伯雷笔下怪角色的快乐，也成为我们的快乐，“愿你们身心舒坦，腰肢轻松!”下一章我们将转向与拉伯雷几乎同时代的莎士比亚，他也对健康、群体和阅读充满兴趣。但莎士比亚对快乐的看法将在一个危机四伏的世界中呈现。

第四章

莎士比亚及快乐的政治

“放下”

快乐不仅是灵性和医学概念，它也为文艺复兴晚期新兴的政治文化赋予了情感内涵。由此我们会想到巴尔达萨尔·卡斯蒂廖内的《廷臣论》(*The Book of the Courtier*)，该书于1528年出版，在整个欧洲掀起了宫廷礼仪文明类书籍的热潮。与前文中伊拉斯谟笔下的基督教道德主义写作迥然不同，这是一种全新的写作方式，卡斯蒂廖内及同类作家为在新的宫廷社会中取得成功提供指导，其影响波及整个欧洲，从亨利八世的都铎王朝到路易十四的凡尔赛宫，无一不受其影响。[托马斯·霍比（Thomas Hoby）的《巴尔达萨尔·卡斯蒂廖内伯爵的廷臣论》(*The Courtyer of Count Baldessar Castilio*）英文版于1561年出版。]

《廷臣论》第3卷的重点讨论对象是宫廷贵妇。除了得体的谈话技巧和音乐才能，书中指出，美貌也是极其有用的特质。美貌是与生俱来的天赋，是“a bellezza vaga ed allegra”。

这些表达中的形容词含义丰富，“vaga”暗示“魅力”或“轻盈”，以及漫不经心（参考“vagabond”一词）；“allegra”让我们想到与之同源的“alacritas”，意为快乐、活力、可能性。但这种美貌是可以通过练习和培养而精进夺目的。霍比称美貌为“悦目与欢快之美”，并指出通过“姿态、言辞、服饰”可增进美貌。[1]在这句话中，霍比所谓的悦目与欢快令人联想到“快乐”最初的含义——面容，但此处的美貌除了面容，还包括上一章中讨论的轻快活力。

虽然霍比所言似乎针对细节，但它指出了一种新的社会经验类型。在前文中，我们已经探讨过快乐在团契中的作用，它是将个人情感、身体健康、集体美德黏合在一起的力量，正如拉伯雷笔下的水手们，通过愉悦的提问和快乐的团契改变了天气。到了霍比和卡斯蒂廖内这里，快乐的外在表现成为影响他人的方式。它会塑造自我，同时塑造他人。正如霍比所言，你可以通过姿态、言辞和服饰为其助力。霍比带我们进入一个全新的语境，与前几章中自我照顾或基督徒团契的语言迥然不同。在这个语境当中，正如卡斯蒂廖内所言，快乐有时是通过姿态和言辞来培养品质的手段，有时是一副面具。[2]

戏剧是探索宫廷的表象和虚假幻象的文学形式，因此莎士比亚会关注快乐在宫廷聚会中的作用，这不足为奇。莎士比亚戏剧向我们展示了表演者的世界，其中各色人物深陷于伪装和幻觉游戏之中。他探索快乐在戏剧中的运用和极限。他向我们展示了充满危机的集体。有关快乐的语言为莎士比亚所用，用来展示集体危机对个体角色的影响。同时，他在戏剧情节出现转折或发生危机时，小心翼翼地唤起观众对快乐的反思，这意味着他将快乐作为文学手段和创作技巧，巧妙地将个人情感引入文学体裁和形式。

快乐由团契的神学主题转变为表演政治学，是《理查三世》（1593年）的核心主题之一，也是莎士比亚历史剧四部曲中第一部的悲观结论。[3]该剧的一个重要主题是集体的脆弱性，无论是基督教教会还是国家。《理查三世》中著名的开场白是："现在我们严冬般的宿怨已给这颗约克的红日照耀成为融融的夏景。"①暖阳带来的"快乐"形象跃然纸上，随后我们对此进行详细讨论。然而这个形象具有双重含义，它既表明约克公爵为寒冬之中的英格兰政体带来暖阳和快乐，也表明理查三世即位后的统治之路其实依然如凛冽寒冬一般。这已然将我们置于一个伪装的世界之中。在这里，怨恨伪装成为快乐，身体残疾的理查德显然不像霍比笔下的宫廷贵妇那般美丽"悦目"，但他有能力通过语言来营造政治氛围，以牢牢抓住权力，他就是这样做的。

在此，快乐对于理查德而言，已经完全剥离了爱心②的本意。如果说爱心是指爱神及爱邻人，是基督教团契的实质，那么在莎士比亚戏剧中，理查德则是一个反面角色。《理查

① 译文选自《莎士比亚全集》（朱生豪等译），人民文学出版社，1995，下同。

② 原文为"charity"，前文中根据语境大多译为"捐献"，本章中译为"爱心"。

三世》第一幕通过一系列场景，将爱心与团契的冲突徐徐展现，在第二场中展现得尤其明显。当理查德要求抬棺具的人将死去国王亨利的尸体放下来时，安夫人（Lady Anne）说："是哪个魔术家唤出这个恶鬼来阻挡人间忠爱的大事呀？"[4]在15行之后，理查德借用安夫人的措辞反唇相讥，叫她不要阻止自己的行为："可爱的圣女，仁恕要紧，莫这样恶言恶语。"过了一会儿，他又用同样的伎俩引诱她："夫人，你全不懂得仁恕之道，讲仁恕就要以善报恶，以德报怨。"安夫人提到的"爱心"原本为基督徒共同遵守的美德，在此反被理查德利用，将其曲解为性"恩惠"。当安夫人以自毁美貌相威胁，也不愿委身于他时，理查德故技重施，再次提到该剧开场部分的自然隐喻："正如太阳照耀大地，鼓舞世人，你的美色就是我的白昼和生命。"因此，从一开始，理查德便远远偏离了圣保罗所谓的乐意捐献者。他口中提到的"快乐"和"爱心"，只是为了操纵那些妨碍他的人。

爱心本应是团契的黏合剂，在剧中却被继续曲解，在下一场中再次出现。死去国王的遗孀玛格丽特（Margaret）正在谴责理查德和他的手下。这时理查德油嘴滑舌的跟班白金汉公爵（Buckingham）叫她闭嘴："罢了，罢了！不讲仁恕，也讲些体面喽！"玛格丽特反驳道：

> 你未对我讲过仁恕，
> 我的希望都被你们无耻地摧毁了。
> 仁恕在我是横暴，生命是耻辱，

而且至今我这团悲愤之火还在耻辱中焚烧呢！

当理查德将“爱心”曲解，为己所用时，玛格丽特连“团契”的概念也推翻了。将我与你联系在一起的，不是我对你的爱，而是我对你的愤怒。敌意通过对共同敌人的憎恨，而不是对神的爱慕，将人们联系在一起。这也是氏族政治的起源。相同的手法在下一个场景中继续出现：即将受刑的克莱伦斯（Clarence）面对伦敦塔的刽子手时，想要激起对方的恻隐之心，说出了下面的话：“当年我们的父王约克用他那胜利的手祝福我们三个兄弟，他从心坎上叮咛我们千万要互敬互爱，哪里料到今天我们会阋墙起纷争。”

为了平衡“团契破碎”的主题，《理查三世》中引入了“快乐”作为平行主题。如果使用得当，快乐是一种生命的力量。因此我们可以看到，在剧情发展初期，理查德的哥哥爱德华四世病重，王后前夫之子葛雷勋爵（Lord Grey）敦促王后“讲几句高兴的话，安慰王上”，快乐在此与生命力联结在一起。30行之后，白金汉报告说国王的身体有恢复的希望了，因为“陛下谈得很高兴”。在此，真实的快乐被视作国王保持自然活力的重要因素，而快乐能否治愈身体便不得而知了。因此，快乐在剧中是文学手段，它一直跳跃着、闪烁着，通过情感语言，提醒我们关注国家的命运。

当故事逐渐走向高潮时，快乐在角色之间发生迁移，推动着剧情的发展，从未缺席。理查德似乎在剧中最重要的时刻提到了快乐——他指责爱德华妻子使用妖术，使他的手臂萎缩。此场景发生在该剧的结构中心，即五幕剧中的第三幕，七场中的第四场。海司丁斯（Hastings）和斯丹莱（Stanley）在讨论理查德的脸色，双方都认为理查德喜形于色，其心事不难解读。海司丁斯道："今天早上殿下他很高兴，很和气；看他那样风趣地打着招呼，该是他心里有什么得意的事。我想这世上再没有人会像他那样喜怒都藏不住的了；只消看他的脸色你就知道他心中想些什么。"理查德的"和气"似乎让人回想到伊拉斯谟所言，"平和"的脸色是快乐的标志。海司丁斯的误读为理查德下一步的激烈声讨埋下了伏笔。由此可见，理查德的平静要么是伪装，要么是只因自己知晓行动计划而内心冷静。不管出于哪种原因，对理查德脸色的误读，说明快乐的表情并不一定代表快乐，表情并不可靠。

伪装的快乐掩饰了理查德的真实个性，也预示了剧中的命运转折，同样的语言在故事的危机时刻再次出现。在与里士满伯爵（Earl of Richmond）巅峰对决的前夕，理查德准备就寝时，查看了手下的情况，他问拉特克立夫（Ratcliffe）："你可曾见到那愁眉苦脸的诺森伯兰大人（Lord Northumberland）？"他得知诺森伯兰和萨利伯爵（Surrey）在队伍中"鼓舞着士兵"。可笑之处是，鼓舞士兵的重任居然落在忧郁的诺森伯兰身上，而且并非受理查德之命。即使在情感层面上，当时的英格兰也是一片狼藉。接下来莎士比亚继续展开主题。"这样我就放心了，"理查德接着说道，他端起一碗酒，对于自己的处境陷入沉思，"我失去了那种轻松的心情，也不像过去那样兴致勃勃了。"酒放下，他命令忠诚的侍从拉特克立夫："纸墨有了吗？"自省的理查德在沉思时，从对过去伪装的快乐发出大段独白，转向思考个人命运。他反思的不是自己的良知，而是失去的快乐。而且他希望自己的后人以及我们，都能知晓这一点。

在此我们看到，国家的命运是通过自我的转变来刻画的。诺森伯兰对士兵的鼓舞与理查德的自我反思并行，将快乐的概念与伊拉斯谟和加尔文所推崇的团契理想分开。当快乐在剧中消失时，我们开始理解它在剧中意味何如。快乐在前面的情节中出现过。我们见过理查德运用快乐来对付他的邻人。他的活力和好心情是用来对抗爱心和团契的武器，他对自己心态的下意识描述正是后来的编年史家和传记作者对他的评价——他是一个快乐的人。他是在书写自己的情感自传。从失去快乐和"轻松"的一刻起，我们可以推断，理查德在整个剧中的行动，事实上是随着"快乐"的变化而发生变化，快乐起初是自我的替代品，后来又变成理查德的受害者夺回政权的斗争。在此，自我的快乐已经与神无关。诺森伯兰对士兵的"鼓舞"尤其说明快乐已经被从团契的概念中剥离出来。在公共场合，快乐已经成为一种修辞，它是权势之人试图控制臣民的把戏。在剧中，鼓舞理查德军队的"快乐"抵消并超越了本应将全国上下团结起来的爱心。

理查德承认自己失去了快乐，其价值在于它在文学上的意义。它标志着戏剧中语域的变化。在拉伯雷笔下，快乐将各个角色联结在一起，而莎士比亚则运用传统的团契，来强调悲剧主人公的孤独，似乎莎士比亚在向他的观众发出电报，告诉观众：我们正在走出快乐作为权力工具的历史叙事领域，进入悲剧空间，在这里所有角色必须摘掉面具，坦诚地面对各自的命运。剧情的反转恰好在主角失去快乐的时刻发生。换言之，理查德在情感上失去的是快乐，在即将到来的大战中失去的是胜利，二者并行呼应。这不是现代早期被学者们视为创新并广泛讨论的“自我”，而是一种文学手段，表示公共危机对于个人情感的影响。它在角色层面为即将发生的情节埋下伏笔。自我的丧失或失败既可以向前溯源，又可以影响未来，它告诉我们，在这件事发生之前，理查德是快乐的，同时暗示了快乐与悲剧之间是不可调和的。它赋予了角色文学意义。

“无欢不成席”

命运已经发生了实实在在的改变。在理查德的悲剧性自我意识觉醒之后，快乐即刻迁移到他的军事对手里士满伯爵身上，而里士满伯爵是剧中的正面角色。莎士比亚的戏剧故事的改编文献之一是霍林希德（Holinshed）的《编年史》（*Chronicles*），其中指出，里士满伯爵“面容和悦，勇气可嘉”[5]。莎士比亚则在写作中特地强调，在理查德失去快乐的一刻，里士满是快乐的。在理查德承认自己“失去”快乐的那一场中，理查德和里士满都在睡梦中，被理查德杀害的爱德华亲王（Prince Edward）的幽灵由两营帐间升起，他对里士满说：“欢欣起来，里士满。”亲王对理查德说：“你绝望而死吧。”里士满记着这些话，在醒来之后回忆说：“那样的美梦我回想起来真叫我心里十分快乐。”片刻之后，他以这些语句结束发令：“击鼓吹号吧，奋勇欢呼起来；上帝与圣乔治在此！里士满与胜利！”失去的快乐标志着理查德的悲剧，而快乐的渲染则象征着在快乐的里士满的领导下，新的军队充满活力。理查德失去的爱心导致他这个邪恶的篡位者彻底失败。快乐所在，即为运势所在。在剧中，快乐并未如拉伯雷所言，能够增加团契，而是在交战的派别之间游移。[6]

在莎士比亚笔下的反派人物中，理查德并不是唯一一个在受到考验时无法制造快乐的角色。在《麦克白》第三幕第四场（又是该剧的结构中心）中，麦克白夫人责备她的丈夫在登基盛宴上，无法和宾客打成一片。她说宴会上仅有食物远远不够，在别人家吃饭的人更需要主人的殷勤招待。除了食物，还要有仪式、欢迎、社交礼仪：

> 你还没有劝过客；宴会上倘没有主人的殷勤招待，那就不是在请酒，而是在卖酒；这倒不如待在自己家里吃饭来得舒适呢。既然出来做客，在席面上最让人开胃的就是主人的礼节，缺少了它，那就会使合席失去了兴致的。[7]

在此，快乐再一次与“殷勤招待”联系在一起，也成为区别同一空间内的乌合之众与一个真正的集体的标志。同暴君理查德一样，反派人物麦克白在人生的关键时刻，无法激发出内心的快乐。4行之后，他为了营造气氛，提议大家向缺席的班柯（Banquo）敬酒，他称班柯为“全国的才俊”，仿佛全然忘记了自己不久前已将班柯谋杀。麦克白的举动非但没有把众人团结起来，反而召唤出死去朋友的鬼魂，令自己丧魂落魄。似乎不是所有的杀手都能像理查三世那样，犯下杀人罪行之后还表现得轻松愉悦。的确是“无欢不成席”。

不择手段上位的骗婚者理查三世如此形容自己失去了快乐——“放下吧”。他野心勃勃，为得到社会认可，为最缺乏忠诚品格的自我创造了一个王室人格，不愧为一个优秀的演员。麦克白也是一个戏剧人物，但不是一个单纯的演员。他无法做到像理查德那样完全伪装自己，他无法快乐的原因既来自他的孤立，又由于他缺乏理查德那样的戏剧性力量。

在莎士比亚的作品中，“快乐”在反派人物身上呈现出讽刺意味以及随后的丧失，这样的情节层出不穷。《哈姆雷特》中最有趣的自我呈现时刻便是由快乐的母题所构建的。快乐或与快乐相关的活动在该剧中尤其值得关注。克劳狄斯（Claudius）在第一幕中要求哈姆雷特留在埃尔西诺（Elsinore），其中最突出的是关于面部表情的语言：“请你听从我的劝告，不要离开这里，在朝廷上领袖群臣，做我们最亲近的国亲和王子，使我们因为每天能看见你而感到欢欣。”[8]克劳狄斯的表述方式说明，对于莎士比亚而言，快乐已经成为一个权力术语，一种可供操纵的资源。此处“眼睛看见”的字面意思是感到欢欣，其实眼睛同时作为工具，可为同伴所用，来监视哈姆雷特的言行，眼睛也是克劳狄斯假意示好，实际想要绑在哈姆雷特身上的监视器。

克劳狄斯对快乐模棱两可的操控与另一个失去快乐的场景形成对比。在戏中戏里，伶后仿佛麦克白夫人附体，哀叹伶王的郁郁寡欢，不知他即将大难临头："可是唉，你近来这样多病，郁郁寡欢，失去旧时高兴，好教我满心里为你忧惧。"[9]失去快乐无异于自我坍塌、众叛亲离、孤立无援。它令人想起《麦克白》中破碎失欢的集体形象。正如在《理查三世》中，承认失去快乐既指向早期自信的形象，又暗示着悲剧即将发生。

伶后的哀叹中令人印象最深刻的是她在认知及道德层面的确定性。与克劳狄斯模棱两可的语言相比，伶后毫不含糊地说出了然于胸的事情。众所周知，很难从《哈姆雷特》人物的外在表现推测其内心活动，伶后却简单明了，并且很清楚自己在说什么。这可谓不祥之兆。而这正是《哈姆雷特》戏剧结构精妙复杂的独特之处，能够对另外一个人的脸色做出精准的解读，只能出现在戏中戏里。只有当自我意识觉醒时，才能从一个人的脸上解读信息，而这在埃尔西诺是不可能实现的。

在此我们可以看到，莎士比亚笔下的快乐既是一个刻画情感的关键术语，又是一种文学手段。它既呈现出公共危机对于个人情感世界的影响，又是文学样式的标志。为此，我们可以将这些悲剧时刻与喜剧中的快乐叙事进行对比。在《皆大欢喜》中，年轻人奥兰多（Orlando）和仆人亚当（Adam）在树林中迷了路，既无处藏身，又无可果腹。奥兰多对亚当说："提起一点精神来，高兴点儿。"奥兰多的鼓励似乎起了作用，大约过了10行，奥兰多开了一个玩笑之后，他感觉亚当似乎好多了："说得好！你瞧上去有点振作了。我立刻就来。"[10]这就是悲剧和喜剧的区别。在喜剧中，即使处于困境，角色也可以快乐起来；而在悲剧中，快乐无法失而复得。

快乐在《罗密欧与朱丽叶》中的作用更耐人寻味。在莎士比亚戏剧中，《罗密欧与朱丽叶》是喜剧还是悲剧，历来难以界定。在剧中有两个快乐场景：第一个发生在第二幕第三场，劳伦斯神父首次出场，赞美新的一天和阳光的美好："趁太阳还没有睁开火眼，晒干深夜里的涔涔露点。"[11]然而，正如理查三世了然于胸，他也暗示快乐有可能只是假象。他把美好的一天和自己药剂师的工作相提并论。草药虽有毒，但气味芬芳——"它的香味可以祛除百病"。它可以引诱我们走向毁灭。此处植物的隐喻看起来像是一个寓言，预示着快乐正滑向深渊。他似乎在说，对快乐要保持谨慎，它是一种能够掩藏真相的力量。神父的轻松心情在第五幕开场得到呼应，即该剧的第二个快乐场景。罗密欧在流放地曼多亚（Mantua），神父已答应帮助两个相爱的人，罗密欧从睡梦中醒来，开始讲述他的梦："我的梦预兆着将有好消息到来。"他的话语与第一个场景中劳伦斯神父的话语相呼应，只是其中的用语有所变化，让罗密欧快乐的不是新的一天，而是他的梦，这让他一天都心情愉悦，如同草药的有毒部位可以"祛除百病"——"整日里有一种向来没有的精神，用快乐的思想把我从地面上飘扬起来"。他接着告诉观众梦见自己死了，但又被朱丽叶救活了。他误将梦境而不是新的一天当作快乐之源。果然，仅仅两行之后，鲍尔萨泽（Balthasar）进来，告诉他自己亲眼看见朱丽叶“死了”。这促使罗密欧回到维罗纳，在误会中采取行动，导致自己过早死亡以及后来整个城市的悲剧。如同在《理查三世》《麦克白》中一样，快乐场景的出现，正是灾难的开始。快乐的消失或误用，在情节发展变化中成为人物心理变化的标志。

“怪异而惊人”

“开心吗，我的爱人?”《仲夏夜之梦》（*A Midsummer Night's Dream*, 1595年）刚开场，提修斯（Theseus）这样问他的未婚妻希波吕忒（Hippolyta）。[12]这是一个精心设置的问题。希波吕忒是亚马孙女王，来自一个独立的女战士部落。提修斯公爵“用剑向她求爱”成功，将她带回雅典准备结婚。她刚刚亲眼看到雅典少女赫米娅（Hermia）已与拉山德（Lysander）相爱，却被公爵和父亲当众羞辱，并命令赫米娅嫁给自己不喜欢的狄米特律斯（Demetrius）。如果拒绝，赫米娅将被处死或赶到修道院。提修斯刚刚结束对赫米娅的发号施令——“丢开你的情思，依从你父亲的意志，否则雅典的法律将要把你处死，或者使你宣誓独身”，便转向希波吕忒，询问她是否开心。难怪希波吕忒此时无论是脸色还是精神，都显得闷闷不乐。她一定在思忖自己陷入的是何等境地。

提修斯的提问表明快乐是有限度的。在此情此景之下，快乐受到所处群体和所属性别的限制。《哈姆雷特》和《理查三世》中的宫廷政治斗争，对快乐的操控也许并不普遍。希波吕忒是快乐含义变化的见证者，她来自一个完全不同的情感和伦理世界，那里充满了战争和女性英雄主义，而她同时是《仲夏夜之梦》中复杂情爱关系的旁观者。她是萨拉·艾哈迈德所说的“情感异类”（affec talien）[13]，即来自异域，对群体中的社交礼仪一无所知。希波吕忒的在场凸显了贯穿于《仲夏夜之梦》的教育主题，这一主题有时会因情爱纠葛过于复杂而被忽略。提修斯把希波吕忒带到雅典之后，打算让她习惯雅典的文明生活方式。希波吕忒被教化的过程和我们受教育的方式类似，主要通过观察进行。然而，她打破了剧中流于表面的政治平静。她先是目睹了赫米娅受辱，后来随着剧情的发展，雅典的工匠们上演了一出“悲哀的趣剧”，即皮拉摩斯（Pyramus）和提斯柏（Thisbe）的故事，希波吕忒在观众中颇为醒目。她难以忍受工匠们粗俗不堪的表演（“我从来没有听到过比这更蠢的东西”），仿佛她在观看的时候心不在焉——从提修斯之前关切的问话来看，或许确实如此。在整场演出中一直表现出快乐的人是提修斯，他对于笨拙的工匠演员显得很宽容。在这里他扮演的是拉伯雷笔下快乐的阅读者角色——从阅读中体会出最高深的意义的读者。当希波吕忒抱怨工匠演技太差时，提修斯回答：“最坏的只要用想象补足一下，也就不会坏到什么地方去。”她反唇相讥道：“那该是靠你的想象，而不是靠他们的想象。”

提修斯和希波吕忒之间的对话，肯定了文明的力量在诠释快乐的过程中所起到的作用，正如前文中拉伯雷所言，只要以积极的方式看待一切，“体会出最高深的意义”，想象力就可以对抗忧郁和批评。同时它指出了这种能力的局限性。

亚马孙女王希波吕忒对此无动于衷。她已经目睹了提修斯对待雅典妇女的“善意”支配。提修斯所谓的宽容的观众更能说明，对工匠演员的宽容，与判处赫米娅死刑的雅典“律法”一脉相承。提修斯宽容地对待工匠演员与判处赫米娅死刑的理由是相同的——因为权力在他的手里。他在第一幕中对“雅典律法”的解读，与第五幕中对演出的解读是一致的。他是“雅典律法”的阅读者、解释者，同时是支持者（cheerleader）。因此，在宫廷贵族中，希波吕忒是唯一一个相信年轻恋人们在仲夏夜的森林中中了魔法的人，这绝非偶然，因为希波吕忒发现有些不寻常的事情正在发生，而这并不是快乐的意志可以解决的。她在第五幕开头对提修斯说：“提修斯，这些恋人所说的话真是奇怪得很。”提修斯接下来长篇大论地谈到情人、疯子、诗人，并指出这些不过是想象的产物。在他看来，森林里的魔法不过是疯狂或幻觉。而希波吕忒却半信半疑：“但他们所说的一夜间全部的经历，以及他们大家心理上都受到影响的一件事实，可以证明那不会是幻想。”这时恋人们上场，他们的对话中断，希波吕忒最后评论这些故事“怪异而惊人”。

作为一个局外人，一个快乐局限性的见证者，希波吕忒是一位女性，也是一位外国人，这种设计绝非无意。在文学史上，从克雷蒂安·德·特鲁瓦所著《兰斯洛特》（*Lancelot*）

中的女主人对骑士迎以“快乐和幸福的笑容”开始，女性一直以来都是快乐的载体。从解释学维度来看，快乐是“以最积极的方式看待事物”，这是“文明”社会的特征，也是女性的责任，因为她们从属于男性权力之下。希波吕忒既对可以把女性关进修道院的社会制度有着天然的警觉，又对雅典律法范围之外的世界持开放的心态。她是剧中唯一一个，既能够体会又能够理解主宰森林的魔法有何“怪异”之处的角色——“可以证明那不会是幻想”。因此，尽管莎士比亚在自己的悲剧作品中发现了快乐的修辞力量，但仍对“快乐”阅读的文学传统提出疑问。看起来只有当读者群体中的所有成员共享一套特定的伦理原则时，才有可能做出快乐的阅读阐释。

在莎士比亚独自创作的最后一部浪漫传奇剧《暴风雨》（*The Tempest*）中，如何诠释快乐的问题与它的政治含义结合在一起。剧中，国家卷入政治阴谋，如同海上的狂风暴雨，万物遭遇毁灭（这也许会让我们想到前面章节讨论的拉伯雷的海上之旅，相比之下，后者的天气非比寻常地平静），无论政治还是精神层面的修复，都迫在眉睫。正如诺思洛普·弗莱（Northrop Frye）几年前所言，《暴风雨》的故事发生在意大利，剧中同样充满着阴谋和背叛，感觉像是莎士比亚早期历史剧的大结局。[14]因此，当我们再次看到这部剧同样以一连串的催促开场，也就不足为奇了。这样的开场在莎士比亚戏剧中屡见不鲜：当一群人处于危险之中时，有人告诉他们要在命运的试炼中打起精神。在《暴风雨》第一幕第二场中，水手长问船长："什么事？①"当得知危险临近时，他转向众水手："喂，弟兄们！出力，出力，弟兄们！②"[15]在规劝贵族们好好待在船舱里之后，他再次给水手们打气鼓劲。

此处"cheer"的所指包括"心"或者"精神"等含义。而快乐的召唤再次出现，让我们想起前面讨论过的团契主题，除了开篇，《暴风雨》也以快乐的召唤收尾。快乐不仅与阅读活动紧密相关，也涉及如何解读象征符号以及我们周围存在的现象，这一点在《暴风雨》的结尾部分体现得尤其明显。当魔法师普洛斯彼罗（Prospero）在岛上施展魔法，令背叛他的弟弟阿隆佐（Alonso）目瞪口呆，阿隆佐原以为儿子已经死去，此刻却看到他正和普洛斯彼罗的女儿米兰达（Miranda）下棋。普洛斯彼罗开始解释眼前发生的一切：

> 不要因为这种怪事而使您心里迷惑不宁；不久我们有了空暇，我便可以简简单单地向您解答这种种奇迹，使您觉得这一切的发生，未尝不是可能的事。现在请高兴起来，把什么事都往好的方面着想吧。

正如拉伯雷所言，"在我解释清楚之前，请体会出最深刻的意义"——"en perfectissime partie"③。

---

① 原文为"What cheer?"。

② 原文为"Heigh, my hearts! Cheerly, cheerly, my hearts!"，在这两句话中，都出现了"cheer"一词。

③ 意思是"以最完美的方式解读我的行为和话语"，参见本书第 3 章。

这就回答了希波吕忒的问题：森林里的现象为何如此“怪异”，这便是“怪事”的奇怪之处。与此同时，我们要用快乐的心情去解读刚刚目睹的事件。快乐的阅读使原本对阿隆佐而言是悲剧的故事变得更有意义。不同于希波吕忒，他将重新融入正统社会。快乐的解读完全占据了阿隆佐的注意力，与此同时普洛斯彼罗解除了岛上的魔法。这预示着我们将对莎士比亚戏剧进行快乐的解读，该剧正在从浪漫的魔法走向政治和解。在《理查三世》的开场部分，失去快乐的同时，悲剧开始了；而在《暴风雨》的浪漫世界中，快乐被重新找回。

普洛斯彼罗建议曾经背叛自己的弟弟，“请高兴起来，把什么事都往好的方面着想吧”，这是对开场部分快乐呼唤的必要补充。水手长试图通过惊恐的呼唤，驱散船上的人们面临的生存威胁，而一个失去精气神的群体是无法得到挽救的。相比之下，普洛斯彼罗深谙快乐的政治维度。纠缠于旧时恩怨、惩罚作恶者，这些都不可能实现真正的政治和解。惩罚只会让后代陷入无限循环的复仇——正如悲剧和政治史所揭示的，从马洛（Marlowe）到拉辛（Racine），从林肯（Lincoln）到特朗普（Trump），不一而足。相反，要想治愈政治，必须“以最积极的方式”去阅读历史事件，甚至一遍遍去阅读。解决政治分裂的办法并不仅仅是将权力归位，同时要对过去的历史做出最佳解读。显然，这并不意味着包括阿隆佐在内的所有人，应当回避过去的纠葛和暴力行为。普洛斯彼罗并不是倡导粉饰过去，而是在快乐中修复国家的根基。

快乐的解读将阅读行为与身体和群体的关系联系起来。理查三世的“放下”使历史编年史变为悲剧，罗密欧失去的快乐使喜剧变为悲剧，快乐阅读恰好相反，它将故事从悲剧王国带到喜剧和解。快乐原本是基督徒捐献的母题，在拉伯雷笔下表示读者与文本的关系，在莎士比亚那里，标志着文学样式的变化，仿佛文风迅速发生了改变。普洛斯彼罗所追求的治愈只有通过快乐的阅读，再加上培养快乐的精神来实现。当普洛斯彼罗在该剧后记中转向观众，请求他们“原谅”他的过错时，这些都是他所强调的品质。用文学术语来讲，在这出悲剧中，充满了失去的快乐和个人背叛，而普洛斯彼罗则为此提供了一种文学的替代样式。这些是否能让亚马孙女王希波吕忒满意，仍然是一个悬而未决的问题。

在欧洲文艺复兴晚期，快乐的性质发生了变化。16世纪中叶的作家们受到宗教改革的影响，对于快乐的理解总是围绕《新约》中有关捐献、好客和团契等概念。在莎士比亚身上，我们看到了这些概念的局限性。在宫廷政治的权力争夺与历史意义的斗争中，快乐成为一种伪装和手腕，如朝臣之笑容。除此之外，莎士比亚将快乐作为一种文学手段，指出了快乐的流动性。当剧情在不同的语域之间变化时，快乐会在关键时刻出现或者消失。莎士比亚教给我们如何编织角色和情节，来创造人物效果。快乐无论在场还是不在场，都能在剧情展开的过程中体现人物的内心。在历史和叙事发生转变时，快乐成为人物心理状态的标志。对于理查德和麦克白而言，失去快乐标志着自我的失败；对于提修斯和普洛斯彼罗而言，回归快乐意味着救赎或者和解。

快乐与个体之间的关系是与莎士比亚同时代的哲学家蒙田所关注的问题，这将在下一章中详细探讨。莎士比亚的悲剧作品掀开了快乐的理想主义面纱，所谓快乐的读者与演员，只是天真的想法、骗人的把戏、大难临头之前的逃避。普洛斯彼罗说如果我们快乐地阅读，就足以对抗复仇和暴力，但不要忘了，普洛斯彼罗生活在魔法之岛，而非现实世界。

第五章

蒙田及快乐的自我

穷尽其义的阅读

法国哲学家米歇尔·德·蒙田（Michel de Montaigne）与莎士比亚几乎所处同一时代，蒙田略微年长一些。他于1571年退休归隐，用之后的20年写就《随笔集》（*Essays*）。该书聚焦于作者内心的思想及品位变化，蒙田用文字记录自己的心情、健康和时政观点，由此在文学史上塑造了一个极具现代意义的自我形象。就创造出世俗的个人文学形象而言，他是欧洲文学史上第一人。蒙田深谙伊拉斯谟和拉伯雷所探讨的宗教问题，也熟悉莎士比亚戏剧中的权力政治，但他并不以灵性追求者或政治表演者的形象示人。他向读者展示了快乐"自我"的可能性，同时指出其局限性。在启蒙运动时代到来之后，谈话与自我修养成为新的文学时尚，蒙田正是这一新潮流的开山鼻祖。

《随笔集》面世之后即广为流传，被翻译为英语和意大利语，并在欧洲各地有无数拥趸。本书将兼顾蒙田的法语版本以及约翰·弗洛里奥（John Florio）的颇具影响力的英语版本（其读者包括莎士比亚、弗朗西斯·培根、罗伯特·伯顿等作家），我们可以在对现代早期快乐概念已有了解的基础上，开始探讨英美文学中有关快乐主题的重要内容。在某种程度上，蒙田的影响来自他的伟大文学发明——“个人散文”，这与以往的地方逸事和哲学评论迥然不同。蒙田散文形式上的随意无章，对于探讨伦理、医学及政治主题极为理想，而快乐的概念散见于这些主题之中。此外，我们也知道休谟、爱默生、尼采等作家也是蒙田作品的深度阅读者，在后续章节中将深入讨论。在本章中，我们将看到蒙田在“快乐”的定义中加入“自我”的成分，在蔑视传统的同时使之焕然一新。

《随笔集》以祈祷和建议结束。最后一篇《论经验》（*Of Experience*）引用了贺拉斯（Horace）《颂诗集》（*Odes*）中的一篇，篇中诗人在迟暮时向阿波罗（Apollo）祈求充满诗意且不失尊严的老年生活。倒数第二句这样写道：“老年需要更多一些体贴。”[①]随后他总结说：“我们可以把老年托付给保护健康和智慧的神灵，但这种智慧应该愉快而又合群。”在伊丽莎白一世时代弗洛里奥的英译本中，这里的形容词是“漫不经心而又合群的”（blithe and sociall），而此处的法语原文为

① 本章中《随笔集》的译文均选自《蒙田随笔全集》（潘丽珍、王论跃、丁步洲译），译林出版社，2022。

"快乐而合群的"（gaye et sociale），这也是蒙田的遗言。[1]

最后这一句"但这种智慧应该愉快而又合群"，其中内含限定词"但"，令人印象深刻。我们可以猜测出智慧为何要"合群"，因为蒙田热衷于谈话。但为何智慧应该是"漫不经心的"或"愉快的"？几页之前，蒙田畅谈自己的想法与生活习惯，也总结了自己的生活，在《论经验》的最后一部分，他说："至于我，上帝喜欢给我什么样的生活，我就热爱什么样的生活。"在这里，生活的馈赠也包括对世界的责任。"我以感激的心情由衷接受大自然为我所做的安排，我为此感到满意和喜悦。拒绝这位伟大而万能的供给者的馈赠，或废弃之、歪曲之，这都是在伤害伟大的馈赠者。"法语原文为"de bon coeur,et recognoissant"（"出于善意并承认"），弗洛里奥的译文为"满怀喜悦、感恩和善意"（cheerefully and thankefully, and with a good heart）接受馈赠。无论如何措辞，都说明蒙田全心全意地接受造物之主，无论是形而上的精神世界，还是食色性的物质世界。承认这个世界的种种美好给个人带来了伦理甚至政治责任，即将生活中的方方面面结合在一起——"我们何苦去肢解接合得如此紧密、如此天衣无缝的组织？"接着蒙田又说道："愿精神激活笨重的肉体，愿肉体阻止精神的轻率并使精神稳定下来。"因此，《随笔集》以对于肉体和灵魂的一致性思考收尾——既赞颂肉体的快乐，又赞颂精神的快乐。

这样的快乐以何种形式存在呢？之前讨论伊拉斯谟和加尔文的篇章中，我们看到对于现代早期的思想家而言，快乐既有精神维度，又有社会维度。快乐使个人从属于群体。对于自我而言，快乐既指明方向（我们奉命快乐），又代表着个体（如果你是一个乐意捐献者，这就是有意义的）。团契由快乐（乐意）而来，快乐也是团契存在的证据。拉伯雷一心探索快乐的医学和宗教意义，对于他而言，一个乐意捐献者同时是快乐的读者和作者。基督徒的乐意捐献也意味着在解读文本时的宽容。快乐是文学行为，对群体也具有疗愈作用。

在拉伯雷的叙述者和莎士比亚笔下的普洛斯彼罗那里，我们看到了何为“快乐”阅读，而蒙田为此提供了另外一种方案。在第2卷第10章《论书籍》（*Of Books*）中，蒙田告诉我们，他喜欢信马由缰地阅读，这使得长时间的持续学习很困难。如果他拿起一本书，感到过于艰涩，便会把书搁置一边，不再绞尽脑汁地深入思考：“我在阅读时即使遇到困难，也不会竭力解决，如果思考了一两次仍未解决，我就把它们置于一边。”这是1580年初版中蒙田关于阅读的叙述。八年后的第二版中，蒙田增加了以下文字：“想了一次无法解决，再想就反而糊涂。我做任何事情都要高高兴兴，继续思考和过于紧张都会使我判断不清，变得忧郁和厌烦。”在生命的最后阶段，他再次补充：“我一仔细阅读，就会视觉模糊，注意力无法集中。”[2]

在这些关于阅读的叙述中，我们最先注意到的可能是，随着每一次再版时蒙田加入新内容，这些文字变得越来越阴郁，并且充满了怀疑的气息。这不是快乐的阅读，而是穷尽其义的阅读。蒙田写到的阅读困难越多，对他精神状态的负面影响就越大。1580年版中的不耐烦，变为1588年的筋疲力尽、精神忧郁。在最后一版中，他视力模糊，身体已不再健康。

这与拉伯雷所谓的快乐阅读完全相反。在40多年前出版的《巨人传》著名的序言中，拉伯雷将阅读比作狗努力咬住骨头，竭尽全力在文本中体会出更高深的意义。拉伯雷的那些坚持不懈的读者所表现出的，是能够带来健康的快乐，他们是为了“身心舒坦，腰肢轻松”而阅读。相比之下，蒙田的读者是善变的。更明显的是，对于拉伯雷而言，阅读将读者与作者联系在一起，是博爱的；对于蒙田而言，这场景令人抑郁。他越是努力阅读，他的视力就越模糊，心智就越消沉、疲惫——阅读变成一种“悲哀”。阅读不能治愈身体，身体却妨碍了阅读。

同样有趣的是，在这里，理智的挣扎和身体的抗争奇妙地融合在了一起。到底是理智影响了身体，还是身体影响了理智？是理解力不足造成视力模糊，还是眼睛疲惫导致理解力不足？我在阅读过程中感到疲惫时，往往不是因为我看到的内容减少了，而是我确定自己即使努力尝试，也没有充分地领悟。就我的健康状况而言，我可以肯定，我并未充分领悟文本中的深义。

从这里我们可以看出蒙田的主张：“我做任何事情时都是快乐的。”蒙田在关于阅读的叙事中，也提到了快乐，但与拉伯雷和莎士比亚迥然不同。看似阅读中解读的失败，却成了自我的标志，于是快乐的声明可抵消枯竭的才思。这样的说法也弥补了蒙田的弱点。读书看上去疲惫，结果却是快乐。而这里的自我个性远远不只体现在阅读之中。这句话并不是说“我带着快乐读书”，而是“我做任何事情时都是快乐的”，弗洛里奥译本中的措辞是“都是无忧无虑、快快乐乐的”。

因此，快乐成为一种典型的特色或形态，不是说蒙田做什么事，而是他如何去做。他可能不是一个快乐的阅读者，但他可以是快乐的。快乐赋予一切行动以意义，甚至包括可能无效的行动。同样的主张在第3卷第9章《论虚妄》（*On Vanity*）中再次出现，这次蒙田要说的是他对于所继承的城堡感受到的苦恼，他哀叹自己无法维护好父亲的城堡，转而指出他更想待在别的地方：“待在所见的一切都让你牵肠挂肚的房子里是多么可悲！住外边的房舍并使其更具野趣，这样的享受似乎更惬意。”[3]在后来的版本中，他又加入一段，犬儒主义哲学家第欧根尼（Diogenes）曾说过，最好的酒是外人的酒。正如阅读行为意味着摆脱学习的义务，最快乐的家庭生活只能在别人家体验到。

因此对于蒙田而言，快乐带来的最大好处是让他摆脱了义务的束缚。我们在前面章节中见过的快乐具有的神学及伦理学意味现在已经变淡了，在政治学方面也是如此。正如蒙田在《论虚妄》中继而指出：最好的政治服务来自自由选择，而不是传统的义务。他说他喜欢自己的私生活，是出于自己的自由选择，而不是因为与社会生活格格不入——“全凭我个人的选择”。“我选择它完全出于自己的性情”以及自己的判断。“我为我那位王公效力备感愉快，因为我这样做是出于我的判断和理性的自由选择”。莎士比亚笔下的快乐与王权斗争息息相关，而在蒙田这里，完全是另一种景象。在蒙田所有的主张中，快乐都是判断力的弥补或者补偿。当判断力因健康状况而受损，无法读书时，快乐是它的救赎。快乐似乎是一种自我形态，标志着对外在束缚的摆脱。

食人部落的快乐

在莎士比亚的《理查三世》中，快乐是面具，而在蒙田笔下的快乐叙事中，则全无操控的痕迹。要知道在蒙田写作的年代里，各种大规模社会和宗教战争不断，蒙田的快乐在政治视野中，不免有傲慢或藐视王权之嫌。但蒙田清楚地表明当人们能够自由决断时，快乐会随之而来，政治上的服从也因此得到巩固。蒙田所言的“我为我那位王公效力备感愉快，因为我这样做是出于我的判断和理性的自由选择”，说明这种政治纽带是出于自愿的，却是牢固的。

蒙田反对传统与责任，这使得他周围充满着政治不安的气息，这也是为何他要小心翼翼地划定个人快乐的含义范围。蒙田的译者弗洛里奥似乎也意识到了，在蒙田所谓的快乐中，具有一种潜在的破坏性力量。因此，蒙田的原文中为“愉快地”为王公效力，弗洛里奥加上了修饰词“快乐而真诚地”，这使得蒙田所言更显温和，同时重申传统意义上的快乐也是为王室服务。在几页之后，《随笔集》第3卷第10章《论慎重许愿》(*Of Husbanding the Will*) 中，蒙田提到自己担任波尔多市市长时，痛恨社会政治责任，因为这使得自我深陷激烈的渴求，最好的办法是运用判断力，才能得到更大程度的身心自由——“在行动中只运用判断力和机智性格的人处理事情必定轻松愉快；他装假，让步，视情况需要任意推迟一切；他可以失误，但从不苦恼，从不悲伤……他在前进中永远掌握行动的自由”[4]。缰绳自古以来都是表示自我控制的隐喻，在此表明蒙田在传统范围之内掌控着自我。他是把自己的辔头带到了马场。

因此，蒙田是在利用快乐的理念来推动个人的主观能动性。他将自我从外部束缚中解放出来——这些束缚可能来自传统习俗、枯燥的学术活动、繁重的日常或家庭责任——同时对适当的行动形式做出了缜密的限制。快乐作为自我的一个组成部分，通过与自我的关系互动而产生作用。这样，生活的缰绳就掌握在蒙田自己手中。

蒙田认为，通过摆脱责任而得到的快乐与身体是紧密相连的。在他早期的文章《论儿童教育》中，他强调哲学能够带来轻松愉悦，与当时严肃的经院式哲学实践相比，没有什么比哲学更让人快乐了——“没有比哲学更轻松愉快的了，我差点说它喜欢逗乐了”。有趣的是，弗洛里奥译文中的措辞是“没有什么比哲学更美”①。蒙田还提到了“语法学家德米

① 原文为“there is nothing more beauteous”。

特里”（Demetrius the grammarian）与一群哲学家之间的谈话，哲学家们告诉德米特里，只有学究才会愁眉锁眼，而哲学甘之如饴，只会让人显出“平静愉快的样子”。蒙田的结论是，心灵装进了哲学，就会焕发活力，而精神的健康可以促进身体的健康。

然而，如果快乐是一种情感机制，可以使自由和自我之间保持平衡，那么自我控制显然与身体的节制有关。这个话题在第3卷第5章《论维吉尔的诗》（*On Some Verses of Virgil*）中有所探讨。这一章的主题是性和语言，其中蒙田强调了身体与心灵之间的密切联系。人至迟暮时，蒙田试图将心灵与身体分割开来，给心灵以忠告，并用塞涅卡和卡图卢斯（Catullus）来激励自己，结果却是徒然。他说，如果身体不快乐，精神就不会快乐。接下来他提到身体占据的原始主导地位，哲学家们总是把灵魂的狂喜归因于圣灵造访、美酒或诗歌，而他们所需要做的却是关注身体，因为当一个人年轻健康时，健康本身，即“火热的健康”（boiling health），就可以产生“快乐之火”（fire of gaiety），让我们充满激情，仿佛进入无我境界。

这段文字在《随笔集》中意义非凡。在某种层面上，它使人想起本书第3章中亚里士多德的“安乐”，即蒙田所言之狂喜。但它也说明了蒙田对于神性狂热的厌恶。在这里，狂喜不是神性的狂热，而是身体自身的生命力。快乐并不是由于心中的神在身体中爆发，而是来自身体自身的力量。激情和狂喜并不是来自某种神秘的感召（新教也好，天主教也罢），而是来自简简单单的健康，来自年轻生命所独具的“快乐之火”。

这种模式的好处在于，神秘幻象不能招之即来，而“快乐之火”可以调制。它可以被我们与周围人的关系所控制。蒙田曾经引用贺拉斯的一句话——如果可以的话，我们都应该让老年期短些。蒙田又补充说：“我喜欢快乐和文明的智慧。”这正呼应了我在本章开头引用的那句话——“这种智慧应该愉快而又合群”。快乐让我摆脱令人窒息的习俗，但合群和文明使快乐变得平和。自我可以摆脱习俗，但不能摆脱社会义务。至此，快乐迁移到了个人意志与社会习俗之间的空间里。

这里值得注意的是，蒙田所说的快乐与伊拉斯谟、加尔文、拉伯雷等作家笔下灵性或宗教意义上的快乐是完全不同的。蒙田通过讨论一些典型人物身上所表现出的快乐，使这一点尤为明确。其中包括巴西土著图皮人（Tupi），在著名的《论食人部落》（*Of Cannibals*）中有所提及。蒙田告诉读者，当食人族被敌人俘虏，将要被烤熟吃掉时，他们并不绝望。相反，他们“脸上带着愉快的表情”，弗洛里奥的译文为“甚至面带笑容”。在东方国家有一个类似的例子，我们听说当一个女人陪同丈夫去接受死刑时，“面带笑容，仿佛要和丈夫同床共枕一般”，弗洛里奥译本中的措辞为“满面笑容”。对于这些故事主角来说，快乐标志着他们不受虐待者的摆布，并且他们对待死亡的态度完全不受传统观念的束缚。正是快乐使他们与众不同。

这两个例子意义深刻，因为在他们身上不仅体现了蒙田在《随笔集》其他章节中提及的伟大的斯多葛死亡观，而且超越了它。当巴西土著被俘虏，面临处决，即将被吃掉时，他反过来对行刑者进行精神折磨，他说行刑者祖先早先也被俘虏，成为他的口粮，因此，当他再被吃掉时，他们不过是在吃自己的血肉而已。在此，食人部落族人的快乐旨在表示他对死亡的漠视，以及与宰杀者对抗的喜悦。对于他而言，死亡不过是快乐的结果和兑现。他对死亡无所畏惧，说明他是精神上的斯多葛派。不仅如此，他对宰杀者的嘲弄代表着某种对宰杀者的敌意，在这个意义上，他超越了斯多葛。

因此，快乐可以被看作斯多葛主义在不同的政治、文化背景下的体现。古典的斯多葛主义者如塞涅卡，面对死亡无动于衷、毫不畏惧，是刚毅支撑着他。在面对敌人时，食人部落俘虏表现出的不只是刚毅，还有面对死亡时的活力和愉悦。他的快乐是对古典斯多葛主义的补充。它表达的是灵魂的安宁，但不只于此。对于他而言，快乐既表示个人战胜苦难，又代表一个食人部落对其他食人部落的胜利。同样，那个跟随丈夫步入火刑堆的印度妇女走得高高兴兴，是为了表示她对丈夫极度的爱和忠诚。她并不是放弃生命，她的所作所为已经超越了放弃的意义。对于这些殉道者而言，快乐是一种附加的东西，是行动中的一种元素，正是快乐使行动成为道德自我的见证。

同样重要的是，他们的快乐并不只是一时兴起，而是与他们的个性有关。他们是蒙田挑选出来的个性冷静的古典人物，尽管在法语原文中并未出现“快乐”一词，弗洛里奥却在译文中有意加入修饰词“快乐的”。例如亚历山大大帝，他在蒙田的原文中“面容宽厚”，弗洛里奥翻译为“正直快乐的个性”。蒙田原文中恺撒有一张“圆脸”，弗洛里奥的英文译本为“和颜悦色”。在前文中提到的《论儿童教育》中，弗洛里奥也矫枉过正，加入了“快乐”的含义，如蒙田花了很大篇幅论述哲学对于健康的重要性，弗洛里奥的译文是："心灵应让安详和幸福显露在外部，用自己的模子来塑造身体的举止，使之雍容尔雅、清洁活泼、自信淳朴。精神健康最显著的标志就是永远快快乐乐。”而蒙田想要的只是一种“面容”，一种宽厚而快乐的面容。

快乐的面容

蒙田选择了法语词汇“contenance”来表示面容（这个词在英语中演化为“countenance”），而不是更常用的表示“脸”的法语词汇“visage”，文中提到面容时，常常有一个限定修饰词“gaye”，词语的选择在此意义重大。在关于蒙田作品中的身心联系的文学评论中，“visage”和“contenance”经常交替使用，然而在《随笔集》中，“一张快乐的面孔”（un visage gay）却只出现过一次。[5]这两个词的所指不尽相同。“visage”源自拉丁文“videre”，意思是“看”（“video”一词也源自这个词），因此，“visage”是指被看到的客体。而“contenance”一词源自拉丁文“continere”，意思是“团结一致”。它意味着积极的自我展示，以及呈现给他者的面部表情，如食人部落俘虏以“语言和面容”向宰杀者表示反抗。蒙田似乎对这些术语有着不同的理解，他在《论撒谎》(*Of Giving the Lie*) 中说，当有人向他谈起“祖宗的生活方式、面貌、言谈”[6]时，他是多么高兴。

因此，蒙田所谓的快乐 (gaiety)，在弗洛里奥的译本中被翻译为“cheerfulness”或“blitheness”，意味着免于义务的自由，一种自由行动的能力。在伊拉斯谟和加尔文著作的英文版中，“快乐”表示与义务的适当关系，而蒙田笔下的快乐则是摆脱义务的自由。蒙田的快乐赋予主体以自由，同时不破坏社会结构。它始终与身体状况相联系，尤其是面容。它意味着一个能够“镇定自若”的道德主体，不被责任或义务所束缚，但受到“文明”的约束。

我们在《随笔集》的最后一句中可以看到，蒙田所追求的“自由”个体与“愉快的智慧”，存在于个人性情与冷静身体表现的奇妙融合之中。蒙田的“快乐”与前文提到的快乐完全不同，它将中世纪快乐叙事中特定的语法结构倒置。对于乔叟而言，“快乐”是面容，是自我呈现的外在层面，必须由一个形容词来修饰 (如“垂头丧气的”“虔诚的”等)；而在蒙田笔下，“快乐”是存在状态，是一个名词，它的语法功能发生了改变。因此，快乐根植于自我，但是所有人都可以获得快乐。[7]

蒙田将自我带入快乐王国。他探讨的是，当一个人选择快乐，把快乐当作自我呈现的个人品质时，会发生什么。对于蒙田而言，快乐是一种行为方式，是拒绝习俗和肯定自我的力量。正如蒙田随笔所表现出的自由随性，他在写作过程中兴之所至，天马行空，无章可循。快乐于蒙田而言，不是政治操控的手段（如理查三世），也不是增加团契的情感技巧（如普洛斯彼罗和拉伯雷），而是自我以及对待阅读、谈话、运动等日常行为方式。在某些情况下，它意味着绝对的勇气，如"快乐的"巴西食人部落，以及跟随丈夫"快乐地"走向火刑堆的印度妇女。然而，由于快乐意味着个人意志的实践，它或多或少带有一些自我管理的色彩。正如蒙田所言，自我在快乐实践中，学会了把生活之缰绳握在自己手中。

快乐的交谈

蒙田将快乐叙事置于个人行动之中，同时强调它必须是"合群的"，甚至是"文明的"。这让我们看到蒙田之后的一个世纪中，法国文化中主流的社交文化，即以交谈和机趣为特征的宫廷和沙龙文化。正如80年之后，诗人让·德·拉封丹（Jean de La Fontaine）写道：现代时尚需要新的元素，"新奇和快乐"，"在我看来，快乐并不是让人发笑，而是一种魅力，是一个人能让所有的话题都变得愉悦，即使是最眼熟的话题"。[8]这与蒙田的说法遥相呼应——"我做任何事情时都是快乐的"。

蒙田对于自我的认识是贵族式的，这是一个自由并可以自我调节的快乐自我。它根植于古典英雄主义，为新的自我定义和社会交往扫清了道路。随着欧洲高雅文化开始走出宗教冲突的时代，进入一个新的时期，这一时期突出的特点是沙龙文化、学术学院以及越来越重视教育的资产阶级，蒙田提出的“合群的”“文明的”社交形象被后来的作家和艺术家反复提及。可以看出，蒙田所谓的既自我又被社会所规范的快乐或许具有超前意义。

法国大革命前生活在法国的意大利记者朱塞佩·塞鲁蒂（Giuseppe Cerutti），于1761年发表了一篇文章，来回答法国某学院提出的一个问题。这个问题是哪一种办法对于缓解可能导致决斗的“怒火”更有效，是知识启蒙还是王室法令？[9]该问题的实质是，在塑造行为方面，文化还是法律更重要。塞鲁蒂的文章以写给匿名朋友的书信形式发表，他在信中说：这是“你们国家最突出的特点”[10]，其他国家的人充满忧郁，可法国人让所有事情都变得轻松起来。

塞鲁蒂将法国人的快乐归结为三个原因。第一个原因是法国的气候、温度适宜，相比之下，西班牙太热，而德国太冷。第二个原因是法国的政体。塞鲁蒂说，只有在君主制下人才会快乐。在专制国家，每个人都受到压迫。而在像英国那样的民主国家，人人平等，所有人都在为共同利益担忧。这两种政体都不会让人快乐。相比之下，法国人无时无刻不在同他人比较，并且相信自己高于他人。“他总是相信自己打败了所有人，并以此为乐。”因此，法国人的快乐是建立在自欺欺人和社交互动的基础之上的，这也是塞鲁蒂所言之快乐的第三个原因：“要想取悦他人，你必须有人情味，要温柔待人。”

因此，我们又回到了群体的概念，但在这里，群体是指民族。快乐并不能定义基督徒，但它可以定义法国人。正如我们在本书引言中所见，在塞鲁蒂发表上述文章20年后，与他几乎同时代的斯达尔夫人在《论德国》中也有类似的表述。在此我们可以再次引用斯达尔夫人的观点，因为在经过很多论述之后，她的观点现在似乎更清晰了——“人们为了表现得和蔼可亲，无论内在的性情如何，脸上都会带着快乐的表情，因而面部表情会一点点影响人们的体验。原本为了取悦他人，最后却塑造了自己内心的感受”[11]。

斯达尔夫人的表述，正是圣保罗所言“乐意捐献者”的世俗化版本。她说，快乐不是来源于捐献，而是合群。在这一信条的基础之上，蒙田提出了快乐也具有破坏性的说法。由此，快乐的世俗经济层面将其从拉伯雷笔下强调宗教责任和团契的基督徒教会分离，而成为自我改变的工具，当然改变是通过谈话而不是信仰完成的。

然而，在蒙田那里充满了贵族气息的快乐，现在是由谈话产生的全新的快乐，如何能够进行自我调节，避免变成莎士比亚悲剧中权力斗争和伪装的工具？蒙田的个人主义快乐模式将由苏格兰启蒙运动思想家们重新构建，赋予它“社会美德”的概念。在下一章中，这些思想家将向我们说明快乐与资产阶级现代性之间的关系。

第二部分

快乐经济学与资产阶级文化

第六章

社会美德及启蒙运动时期的情感：休谟和斯密

散发着欢乐的气息

对于某些人而言，18世纪中叶的欧洲遍地是开明的贵族、富有的市民、乐于求知的哲学家，似乎带来了许多乐趣。总是在新闻中听到有趣的科学实验，重大的政治变革似乎遥远且令人振奋，卫生状况大有改观，人们开始乐于交谈，首都的音乐动人心魄。在这令人愉悦的文化繁荣时期，有哪些新的典型举止和情感模式？在经历过现代早期的宗教纷争之后，我们能否在这个时代找到快乐？在这一章中，我将继续探讨快乐的迁徙，以及当它不再是将基督徒团结起来或治愈忧郁身体的工具时，它在哪里驻足停留。启蒙运动时期的快乐是交谈的快乐。它既承载着新兴的世俗现代性，又为其提供情感能量。

特雷莎·布伦南（Teresa Brennan）指出，18世纪对激情的描述常常强调视觉的重要性，这似乎使我们彼此"疏离"，彼此不同，而情感的传递“打破了个体的界限”。18世纪似乎被夹在这些相互竞争的情感能量学说模式之间。布伦南认为，情感传递的“能量维度”（连接我们的东西）像幽灵一样徘徊在对现代情感生活的讨论中。然而，正如我将要在下文中所示的，启蒙运动时期的快乐仍然深深地根植于合群的理念。如布伦南所言，视觉可能使我们“疏离”，但群体之中不仅仅有视觉体验。[1]在本章中，我将探讨一种新的资产阶级谈话和社交文化如何重新定义快乐。蒙田认为，快乐可以作为个体主体的一种属性，展现出一种充满活力的“笑容”并蔑视传统，这一观点在17、18世纪出现的沙龙和学院中引起了共鸣。因此，在探讨何为启蒙运动时期的理想对话的过程中，将会形成一种新的快乐理论。

快乐作为一种对抗忧郁的工具的生理含义（正如我们在前面所看到的，被一杯葡萄酒和适宜的灯光影响）已经开始转变。巴鲁赫·斯宾诺莎所著《伦理学》（*Ethics*）于他去世后出版（1677年），书中指出，像所有事物一样，人必须努力保持其存在，他使用拉丁文词汇“conatus”指代这种努力：“每一个自在的事物莫不努力保持其存在”①，“一切事物莫不反抗凡足以取消其存在的东西。因此凡物只要它能够，并且只要它是自在的，便莫不努力保持其存在”。[2]对我们有益或有害的身体活动力量，导致了不同的生活方向，而身体力

① 本书中《伦理学》相关引用译文均选自《伦理学》（贺麟译），商务印书馆，1997。

量的增进或减少源于斯宾诺莎所谓的情绪（“affect”，拉丁原文为“affectus”）。情绪决定了我们是否向善。

这里的关键是“过渡”的概念。斯宾诺莎将人生视为一系列变化的过程。因此他说：“欢乐[①]是一个人从比较小的圆满到较大的圆满的过渡。……我说过渡，因为欢乐并不是圆满本身。如果一个人生来就赋有他必须经过过渡才能达到的圆满性，那么当他具有圆满时，他将不会感到欢乐。”因此，情绪是能够提供力量的，它拖曳着我们，让我们在两个极端之间，时而在这里，时而在那里。

对于斯宾诺莎而言，快乐是欢乐的一种。欢乐涉及身心之间的变化（“心灵过渡到较大完满的感情”），而快乐（拉丁文为“hilaritas”）同时存在于身心之中。这使得“快乐”[②]在斯宾诺莎的论述之中具有重要意义，因为对于斯宾诺莎的哲学自我而言，其中的一个难点就是某些情绪产生过多的身体力量，从而对身体造成影响。自我需要不断地管理这些情绪，因为有些情绪会使身心失衡。因此，欢乐似乎是善，有时可能是恶，因为它使身体无法承受。它“坚固地纠缠着身体，因而阻碍身体的能力，使其不能适应多方面的影响。所以欢乐可以是恶”。相比之下，快乐既存在于身体之中，又存在于心灵之中，它可以调和身心之间的关系。因此，快乐是过多欢乐的解药。“愉快是一种快乐，就其与身体相关联而

① 原文为“joy”，贺麟译《伦理学》中为“快乐”，因本书将“cheerfulness”译为“快乐”，为了区别起见，所以将“joy”译为“欢乐”。

② 此处原文为“cheerfulness”，贺麟译《伦理学》中也译为“愉快”。

言，乃包含身体所有的各部分都同等地感受的快乐。”换言之，“身体的活动力量有所增进或助长，因而各部分彼此间能具有同一的动静的比率”。因此，斯宾诺莎总结说（在引言中出现过）：“快乐总是好的，而且它永远不会过多。”他使用的拉丁原文为“Hilaritas semper est bona, nec excessum habere potest”。

因此，在自我管理的节制中，快乐似乎是一种主要的调和力量。它既调节着令自我无法承受的诸多情绪，又在身体健康方面起着至关重要的作用。[3]这意味着，尽管快乐是欢乐的一种，但它渐渐不再仅仅是属于圣人哲学家或勇敢将军的自制力。快乐也不再与特定的行动相关，如团契行为或者阅读。现在快乐似乎无处不在。它有些像一团雾，笼罩在一个人周围。对于启蒙运动时期新兴的资产阶级文化而言，出于对过度欢乐的警惕，快乐成为一种自我控制的策略。

一些思想家想要在斯宾诺莎形而上的范畴之外探讨快乐理念，他们对快乐的感染力抱有特殊兴趣。下面我将转向哲学家大卫·休谟和亚当·斯密，快乐的去中心化使它成为一种社会美德，促成了文化历史学家迈克尔·麦基翁（Michael McKeon）所说的启蒙运动时期“社会心理学”的形成。[4]它是在社会关系中产生的。休谟与他同时代的斯密在提出美德的理念时，都谈到了快乐。在他们看来，美德不再只是英雄（或卑鄙）的个人行为，而是对群体或我们所谓的公民社会的影响。他们为资产阶级资本主义时代重新定义了欢乐。

文明与快乐

休谟在早期著作《人性论》(*Treatise of Human Nature*, 1739年)及后来在此基础上完成的《人类知性研究和道德原则研究》(*Enquiries Concerning Human Understanding and Concerning the Principles of Morals*, 1748年)中，建立了一个美德的模型，即它必须是好的，同时是愉悦的。斯宾诺莎关注的是自我管理欲望的方式，而休谟论述的重点是将美德与愉快的感觉联系起来，由此美德不再被视为快乐的敌人。快乐在这个重新概念化的过程中发挥了有益的作用。

虽然有用和令人愉快的东西通常对于拥有它们的人或其他人而言，都是有用的，但真正的美德必须对社会有益，也必须取悦于人。在《人类知性研究和道德原则研究》的结论部分，休谟说："个人价值完全在于拥有一些对自己或他人有用的，或者令自己或他人愉快的精神品质。"[5]道德行为必须蕴含"为全人类所共通的情感"，而且必须"可以扩展至全人类"，其他激情虽然也在感动自我("在每个人心胸中产生许多强烈的情感，如欲望和反感、好感和憎恨")，但如果不能满足这些条件，它们不是真正的道德①。

休谟分析了激情的各种形式，指出哪些自我变化可以帮助奠定道德哲学的基础，使之令人愉悦且合群。为了做到这

---

① 本书中《人类知性研究和道德原则研究》引用部分译文均选自《道德原则研究》(曾晓平译)，商务印书馆，2001。

一点，他必须将令自己愉悦的或者只对自己有用的品质与仁爱相区别。因此，早期的《人性论》描绘了一幅"心灵品质"的蓝图，这些品质有利于生活行为，但不一定对他人有益。其中包括节制、俭朴、节约和决心，当然智慧和理智也很有用。另外，机智和辩才可以取悦别人，却不一定可以取悦自己。与这两种情况相比，"舒畅的心情"之所以受到人们的喜爱，是因为它既有利于他人，又"使本人直接感到快乐"。

此处休谟给出一个例子：一个机智的人在谈话中是快乐之源。他指出："正如一个心情愉快的同伴，因为使人同情他的欢愉，而把他的喜悦传播于全体的同伴一样。因此，这些性质既然是使人愉快的，所以自然就得到了人们的敬爱，并符合于德的一切特点。"[6]当快乐从一个人转移到另一个人时，它在人与人之间展现出它全部的力量和意义。它与"同情"的概念联系在一起，同情是一种磁力，它把人们聚集在一起，形成一种同胞感。

与许多同时代的人一样，休谟视同情为一个重要概念。他在将快乐描述为一种美德时，使用了同情的概念，使之不再囿于个人修养和自我呈现的传统——比如蒙田笔下快乐的食人部落或莎士比亚笔下勇敢的里士满伯爵。在这里，快乐不再如伊拉斯谟或加尔文所言，含有捐献或轻快等意味——二者将基督徒联系起来，它是同情，在群体与个人行动之间起到调和作用，使自我品质变得合宜又高尚。[7]

休谟的这些思想在《人性论》最后关于道德的章节中有所论述。在此，他反对把某些人的内在特点单独拿出来强加区别，这些特点使之与众不同，这些内在特点即休谟所谓的自然才能，也就是与生俱来的品质。休谟说："在一切伦理学体系中，自然才能和道德的'德'的区别是最通常的一种区别。在这些体系中，自然才能与身体的禀赋被放在同等的地位上，而且被假设为并不赋有价值或道德价值。"有些人认为某些自然禀赋，如富有同情心，并不比跑步飞快的能力更具道德价值，因为这无须努力就已经拥有，对此休谟表示反对。因为他接下来说，在实际生活中区分自然禀赋与道德美德是错误的做法。这些都是"精神品质"，二者都"令人愉快，并能博得人们的敬爱"。换言之，因为行为应该从其社会影响的角度来理解，而不是对抽象的善恶理想的某种坚持，对于我们来说，自然的东西很可能与后天学习或适应的东西是一样的。自然才能和道德美德"在因果关系上是同等的"。

通过这种方式，休谟将我们在早期思想家的论述中注意到的东西理论化了，即快乐和欢乐都是社会品质，看起来很像是美德，但实际上并不属于任何一种美德和恶行的范畴。对于休谟而言，快乐之所以像是美德，是由于它既可以取悦自己，又可以取悦他人。快乐不是一种美德，但它在影响人们的方式上就像是一种美德。[8]

在《人类知性研究和道德原则研究》修订版中，休谟增添了快乐价值内容，强调其在塑造社会情境过程中的作用。他的关注点仍然是一种美德的典范，这种美德是社会性的，但又能取悦于人。此外，他以谈话为例，用形象化的语言对快乐大加赞赏。他指出，不论谁与"严肃稳重、性情抑郁的人们”一起度过一个傍晚，肯定都会承认，一个性情幽默、生气勃勃的伙伴的到来，“欢喜（cheerfulness）携带着巨大的价值，自然地赢得人们的好感”。

而他人，则通过感染或自然的同情而进入这同一种愉快的心境，领略这种情感；由于我们禁不住热爱凡是使人快乐的一切，因而对于那个传达出如此巨大满足的人，我们就油然而生起一种好感。与倘若我们面对一个性情抑郁、沮丧、愠怒和焦虑的人相比，他就是一个更激发我们活力的奇观，他的在场使我们获得更多的宁静的愉悦和享受，我们的想象力只要进入他的感情和气质就受到更愉快的感染。

事实上，“它的光芒照耀遍整个交际圈，愠怒极已和苦闷不堪的人也常常为之所融化”。快乐有如此大的感染力，说明在常见的品质之外，还有“另一系列的心理品质”，这些品质并不意味着更大的效用（比如说，节俭可能会让人变得更富有），而是无需“效用或更大利益趋向”，就“给予旁观者以一种满足，并赢得他们的友谊和尊重”。它不仅使个人愉悦，还可以感染他人。在此休谟夸张地形容快乐带来的变化：“更激发我们活力的奇观……更多的宁静的愉悦和享受……更愉快的感染。”

在此我们可以看到快乐的调和作用，它通过在个体之间迁徙而产生影响。对于斯宾诺莎而言，欢乐仅仅通过在自我中的扩散来发挥调和作用。它与那些过多占据我们身体的某个部位，从而导致不道德行为的情绪形成鲜明对比。在休谟看来，快乐能使社会群体变得温和。它通过感觉连接自我和群体。这不是加尔文的基督教群体，也不是“乐意的捐献者”，现在快乐已经超越了个人范畴，通过一种普遍的幸福感将团体联系在一起，用休谟的话来讲，即“友谊和尊重”。休谟最后一句话中的用词特别能说明问题，因为“尊重”包含了对他人的尊重和欣赏，即使它暗示着某种凝视——快乐之人“充满活力的奇观”的“视觉”。快乐通过一种对话和同情的戏剧效果来发挥作用。它涉及一种“奇观”的形式，但又是包罗万象的；它感染着同伴，它是“火焰”。[9]

在1741年的论文《伊壁鸠鲁论》（*The Epicurean*）中，休谟暗示，上述模式对自我与群体的关系具有更大的意义。与蒙田或伊拉斯谟一样，他在论文中强调身体和心灵之间的张力。他说，当你面带笑容时，“不仅可以改变外面的世界，而且通过深切的痛苦和关注，使语言和面容具有哲学的尊严，以欺骗无知的庸人”[10]。它可以改变自我，但要通过情感的经济交换。“不要把我限制在自我当中。”他接着强调只有在社会关系中，快乐才能和美德联系在一起。当美德是社会性的，它就变成“快乐的、嬉戏的美德”。快乐与美德是相辅相成的：“你分享了我的快乐，并在你那快乐的神情中可以看出（即显示出）你从我的快乐和满足中得到的快乐，就像我从你那里得到的快乐一样……在快乐的谈话中，比在课堂推理中更能找到真正的智慧。”快乐是一种感染力，也是一种经济学。它涉及交换，“比在课堂推理中更能找到真正的智慧”。传统哲学被抛弃了。这就是现代性的开始，资产阶级的社交能力战胜了贵族的自我修养。我们可以构建自己的哲学、自己的美德、自己的快乐！

快乐的感觉是一种感染力或火焰，这是休谟美德概念的核心，快乐既是愉快的，又是有用的。在一个理想的群体中，它可以被看作人际关系的润滑剂。在《人类知性研究和道德原则研究》的结论部分，他又回到了社会美德的话题。尽管自爱是“特殊的”，即有限的，但美德必须是普遍的。此外，道德情感由于具有社会性质，所以能够缓和那些对社会具有破坏力的情绪。“这些原则是社会性的和普遍性的，它们在一定程度上形成人类反对罪恶或混乱这一人类共同的敌人的一个党派。”社会美德是文明的核心。

因为休谟的目标是对人类行为进行普遍的论证，所以他的写作风格较为抽象。不同于以往的作家如蒙田等，休谟在写作中使用的分类和术语似乎飘在空中，并无先例或逸事可作为参考。而在《人类知性研究和道德原则研究》的结论部分，休谟似乎突然感觉到有必要从理论阐述转向具体人物，于是突然提及日常生活。休谟声称，他所描述的美德在我们的日常生活中可以看到。他举了一个例子：有一个人决定把女儿嫁给克利安提斯（Cleanthes）。不出所料，出于社交美德的兴趣，休谟并未基于自己对克利安提斯的了解去描述他，而是描述他在众人眼里的样子。每个人轮流对他描述一番，由此我们得到了一幅由言辞构建的克利安提斯肖像画。换言之，休谟改变了写作角度，用语言构建出他一直以来赞美的友好群体的模样。第一位朋友告诉我们，克利安提斯公平又友好，也就是说，他道德高尚。第二位提到克利安提斯在事业中取得伟大的光荣和成功。第三位则回答说，克利安提斯具有休谟推崇的社交美德，他曾在一个“极为轻松愉快的交际圈”中见到克利安提斯，在那里他是“谈话的生命和灵魂”。第四位比其他几位更了解克利安提斯，他提出的个性特点则远远胜过前三位：“你们在他身上或许已经见到的那种欢喜不是由交际激发出的突然闪现；它贯穿于他的人生的全部历程，使得他的表情总是保持安详，使得他的灵魂总是保持宁静。”同时他并不缺乏勇气：“他曾经历严重的艰难、不幸和危险，然而凭借心灵的伟大，他仍然超越了所有那一切。”

克利安提斯最超凡脱俗的标志正是快乐，他的快乐既包含传统斯多葛主义所推崇的灵魂的宁静，又包含现代社交达人形象。他是斯多葛派哲学家，也是商人和健谈者。休谟总结说，这是一个“具有完满价值”的形象，他超过了格雷蒂安（Gracián）和卡斯蒂廖内所描绘的一切理想形象。“哲学家可能把这种性格选作完美德行的典范。”[11]这正是休谟眼中理想的哲学家形象。

著名的《人类知性研究和道德原则研究》结论部分有很多值得讨论的方面。在休谟这里，我们看到资产阶级情感在传统道德哲学的贵族语言中形成。休谟试图将传统道德哲学的修辞与资产阶级的交谈文化相融合，前者强调的是“伟大的灵魂”（如苏格拉底、加图）。在此，快乐取代了古希腊英雄美德，如坚毅、坚持。休谟所说的快乐是社交才能，但不仅是机趣的“突然闪现”。它既是美德的身体表现（它可以被“见到”），又是美德深存于人类之中的标志：它贯穿了高尚人生的“整个历程”。它弥散于整个自我之中，也是一种根植于社会关系的心理特征，并呈现于身体之上，但快乐仍然是一种深刻的道德力量。

同样值得注意的是休谟用以说服我们的方法，让我们相信他的美德版本具有实际可行性。他在写作中，突然由一般的抽象写作转向另外一种完全不同的风格，实际上属于不同的文学体裁范畴。这一流派是“肖像派”，即对特定性格特点的理想化描述，肖像书写在17世纪和18世纪很流行。在休谟笔下，克利安提斯这个人物通过多种视角呈现出来。当克利安提斯的每一位朋友逐一描述他的人品、德行时，美德的社会维度被演绎出来。当最了解他的人说出，快乐是他的特点时，也到了他的高光时刻。因此，德行是通过修辞的视角来呈现的——我们得以从不同的视角来观察克利安提斯——这也是一种揭示叙事法。我们最终得以看到克利安提斯最深层的自我，它来自快乐的力量，而快乐同样塑造了他的外在表现。

《人类知性研究和道德原则研究》的最后一篇表明，任何语言中有关快乐的哲学解释无一不是一种文学操练。快乐构建了性格，而性格又是快乐的体现。休谟在场景中插入了自己的作者角色，使这一点更加明确。在揭示了克利安提斯的快乐之后，休谟对着想象中的群体说道：“先生们，你们在这里描绘的克利安提斯的形象是一个具有完满价值的形象。你们每个人都为他的形象描画了一笔。”这是一个新的群体——一个由哲学家组成、由文本构建的群体，在这里哲学家们将快乐比作绘画。最后，我们提到了两位现代道德哲学家——意大利人文主义者卡斯蒂廖内和西班牙道德主义者格雷蒂安，现在他们在美德方面的文学权威地位都被休谟取代了。与此同时，休谟转向那些见证并描绘了克利安提斯美德的“绅士”，这也强调了那些被快乐所“感染”的绅士同样是文学构建。在此，休谟创造了一个能够见证快乐感染力的群体，同时表明快乐是德行的标志。然后，他使用了一种文学技巧，使整个论证过程得以有效运作。通过这种方式，他重新定义了快乐，把它置于社交场合之中。这是一场天赋满满且有效的修辞表演，与理查三世在博斯沃思战役前夕的自我反省，以及拉伯雷的快乐阅读叙述一样，具有强大的力量。

快乐机器

自从快乐摆脱了基督教教会的舞台以及文艺复兴和宗教改革时期作家笔下的自我呈现，开始成为关于自我的概念和实践，它就开始呈现出一种经济学色彩。快乐能够产生快乐，它在房间里跳舞，让忧郁的人快乐起来。在面对面的情况下，它也会循环，并与其他情绪进行交换。

如果快乐是一种经济行为，那么我们会好奇，经济学是否可能是快乐的。事实上，把两者联系起来的是第一位伟大的资本理论家亚当·斯密。在《国富论》(1776年)中，斯密在“进步”的经济体与静止的、甚至衰退的经济体之间建立了一个对比。进步的经济体倾向于雇用自由人，而不是奴隶，通过增加收购和自由流通的劳动力创造财富，而没有达到生产力或财富的最高点。斯密说，在这些“进步”(即进步中的)的社会中，“大多数人民似乎最幸福、最安乐”①。斯密接着对比了这些不同的社会发展阶段的生活质量：在社会“静止”状态下，境遇是“艰难的”；在“退步”状态下，境遇是“困苦的”。相比之下，“进步状态实是社会各阶级快乐旺盛的状态。静止状态是呆滞的状态，而退步状态则是悲惨的状态”[12]。

在这里，我们看到的快乐和忧郁与传统理解中的完全相反，而斯密将这些术语应用于社会和经济体系。有趣的是，他把非生产性经济描述为“艰难的”和“悲惨的”，继而又描述为“沉闷的”和“忧郁的”。这两组词中的第一个词描述了不同经济体生活的物质条件，第二个则提供了情感上的解释。在这两种说法之间，他提出了“快乐丰盛的”社会经济进步状态之理念。“快乐”似乎同时存在于两个经验领域：它既是物质的，又是情感的。他接着指出进步经济状态带来的工资上涨对工人的物质和情感方面的好处：“丰富的生活资料，使劳动者体力增进，而生活改善和晚景优裕的愉快希

① 本书中引用《国富论》的译文均选自《国富论》(郭大力、王亚楠译)，商务印书馆，2014。

望，使他们益加努力。所以，高工资地方的劳动者，总是比低工资地方的劳动者活泼、勤勉和敏捷。”因此，“快乐的”经济会使快乐弥散于所有个体中间，每一方都是赢家。

然而，斯密接着对快乐的过度状态提出警告。他指出，增加工资和让工人希冀更好的生活会带来一个问题，即工人将变得只专注于改善收入，因“相互竞争希望得到较大报酬”而过度工作，“意大利著名医生拉马齐尼，关于这类疾病，曾著有专书”。[13]事实上，他观察到，我们通常不把士兵看作特别好的工人，但是当他们被分配到“按件计酬”的工作时，他们的官员不得不限制他们的收入，以免他们因过度劳累而损害健康，从而可能处于危险之中。斯密最后指出，那些工作强度较低的人往往能保持健康，因此，他们最终工作时间更长，效率更高。

斯密对劳动阶级过度工作和“希望得到较大报酬”的好奇，使他对快乐的看法在两点上有别于以前的作家。这两点使他具有现代性，而这种现代性是包括休谟在内的以前的作家所不具备的。第一，斯密认为快乐存在于生产体系之中。它不再像蒙田所言存在于个人的灵魂中，甚至也不像休谟所言存在于友好的交谈中。事实上，在斯密看来，快乐似乎已经脱离了早期道德哲学和宗教思想的传统。它现在是动态生成的事物，正如以前存在于人与人之间，现在存在于人类与劳动和金钱的互动之中。那么，快乐的“中间性”则成为其将心理与经济交换联系起来的特征。快乐经济让人乐观，带给人们希望，也带来更多的生产力和消费——这些是快乐经济的标志。

第二，与此同时，因为快乐是通过经济互动和劳动（而不是通过酒的刺激或捐献行为）产生的，它有可能形成自己的生命。它不再是一种美德，它现在比个人更伟大，快乐代替了美德，并使之改变。过多的快乐会使得劳动者渴望更好的生活，会使其操劳过度，而经济动力也要依靠这些筋疲力尽的工人来提供。因此，快乐需要有所调和、节制，以免因过热而将经济从“进步状态”改变为“悲惨状态”。

《国富论》并不是斯密的唯一著作。他的第一本书《道德情操论》（*The Theory of Moral Sentiments*）早在20年前的1759年就已经出版了。我们可以把上文中对快乐经济学的研究与他的道德著作对照来看。斯密的《道德情操论》以休谟的著作为基础。而斯密与休谟最大的不同之处在于，休谟认为同情的产生是无意识的，而斯密则认为它涉及旁观者的选择。在《人类知性研究和道德原则研究》的结论部分，休谟指出，让一个人孜孜不倦追求德行的动力是他被全世界注视的感觉。“对于名望的热爱”，即对好名声的渴望，让我们“经常省察我们自己的举止和行为”，这会让我们考虑，我们的形象在他人眼里是怎样的。自我作为一种景观形象，在斯密的《道德情操论》中使用得更为普遍，他在《道德情操论》中引入了“公正的旁观者”或“旁观者”形象（一个广泛存在于18世纪英国文化中的形象），他可以判断我们的行为，并将其视为道德或不道德。

斯密总是将道德行为放在特定的“剧场”中进行叙事，

以判定其是否得体。当背景和行动一起呈现时，特定行动的道德含义就变得清晰了。因此，他很早就指出，我们对同伴的同情取决于在不同情况下，我们对其行为反应的观察。我们至少可以看到"他的行为是温文尔雅的，能在一些琐碎的灾难中保持他的快乐"[14]。然而，当我们看到一个人遭受了不公正的痛苦（通常是身体上的），却以"最坚定的面容"承受了这一不幸，并且似乎没有感到羞耻时，"最深切的同情"则油然而生。

同休谟一样，斯密也认为快乐是真正美德的标志。在资产阶级文化中，美德不再通过英雄行为来表现，快乐成为内在力量的外在标志。当受难者接受惩罚时，带着愉快的样子，我们作为"旁观者"，承认她在这种可怕情形之下的反应是恰当的，正是特定行为的特征赋予了它们某种普遍意义，使它们能够放之四海而皆准。这两种反应——对同胞的同情以及对她的快乐感到惊讶——合在一起构成了"所谓的钦佩"。因此，斯密把"旁观者"或"观察者"引入道德行为体系，解决了休谟的抽象思辨所带来的修辞问题。在这里，我们可以看到哲学在行动。

斯密在强调不同情况下的个体美德的过程中，当转而讨论美德如何能"具有普遍意义"时，他的观点呈现出有趣的个人色彩。在《道德情操论》第6卷第3章《论普施万物的善行》（*Of the Character of Virtue*）中，斯密指出："有智慧和有美德的人乐意在一切时候为了他那阶层或社会团体的公共利益而牺牲自己的私人利益"；反过来，为了全世界的利益，

“为了一切有知觉和有理智的生物——上帝本身是这些生物的直接主管和指导者——这个更大的社会的利益，去牺牲上述一切次要的利益”。因此私人利益应当让位于公共利益，而公共利益应当让位于上帝的旨意。

休谟认为美德主要是社会性的，斯密拓展了他的观点，并使其超越了个人行为的范畴，囊括了各种个人行为情形。而行为情形的多样性则要求旁观者的形象具有普遍性，从而引出上帝视角。在这种表述中，当行动能够被更高的权威所看见，并需要得到其批准时，它就变得社会化了。那么社会美德是如何产生的？斯密以一个例子来说明：当士兵信任他们的将军时，他们愿意为了更大的利益而牺牲自己，因为他们“开往他们毫无生还希望的作战地点，常常比开往没有困难和危险的地方，更为乐意和欣然从命”，“他们心甘情愿地为了一个更大的机体的幸福而牺牲自己微不足道的血肉之躯”，事实上，正是等级制度本身使他们获得了这种快乐。他们“不仅是俯首帖耳地聪明，而是常常满怀喜悦地欢呼着出发”[15]。

我们都是彼此的旁观者，但上帝是至高无上的旁观者，我们要做到愉快地顺服上帝的旨意，“同这种思索相比，所有其他的想法必然显得平庸”。通过这种方式，斯密指出美德如何以及为何超越个体行为者的有限范围。当我们行动时，我们要意识到上帝的存在（“当然是人类及其崇敬地思索的全部对象”），并意识到是上帝控制着“宇宙这架大机器”。我们在这架机器中占有一席之地，愉快地履行我们的职责。反过来，我们的快乐也是我们尽责的标志。

值得注意的是，斯密谈到快乐时，在两个关键时刻都提到了士兵的形象——在《国富论》中分析快乐的破坏力，以及在《道德情操论》中谈论群体和责任。军队作为一个规模相对较小的群体，可以通过它来研究快乐在群体中的流动。休谟以交谈中的哲学家为例，而斯密以士兵为例。此外，休谟的公民社会必然包括哲学家，正如为克利安提斯肖像描上最后一笔的是位哲学家；而斯密选择军队作为例子，可以扮演一个"公正的旁观者"，像上帝一样高高在上，将自己剥离于快乐网络。

休谟和斯密阐明了快乐在新兴资产阶级及后希腊文化语境中发挥作用的方式。两位作家都试图对美德和快乐进行概括性的思考。为了使自己的论点有说服力，他们通过虚构群体的故事，讨论美德的社会维度。对于休谟和斯密而言，快乐是超越个人的，甚至在某些情况下，它是道德认同的必要条件。然而，当我们从休谟转向斯密时，快乐在新社会经济秩序中的悖论变得清晰起来。在资产阶级社会中，快乐是一种潜在的破坏力量。它是充满活力的经济体的标志，但在实践中，可能会让积极的劳动者劳累过度。因此，必须对快乐加以控制或管理。在军队的比喻中，士兵从作战中得到快乐，也从服从权威中得到快乐，这为快乐的悖论提供了一个解决方案，即让它既保持活力，又受到控制。

斯宾诺莎、休谟和斯密等哲学家扫除了我们在莎士比亚和拉伯雷笔下看到的快乐的宗教基础，对怀疑主义和理性批判的思潮作出了贡献。18世纪，随着新兴资产阶级力量日益强大，知识分子的活动范围不再局限于宫廷，而是转移到了咖啡馆和学术学院。与此同时，快乐也从基督教教会的形而上学理念变成一个公民社会中的概念。在斯宾诺莎看来，快乐是一种平衡身心关系的调和力量，一种乌托邦式的情感。对于休谟而言，快乐与小群体社交有关，在《人类知性研究和道德原则研究》的结论中，我们看到了一个虚构的“快乐”角色，并通过其周围人的多重视角呈现给我们。然而，斯密似乎抓住了公民社会中快乐的要义。斯密认为，快乐是有力量的。这种力量可能会破坏社会秩序，就像《国富论》中提到的工人。于是，控制和监督的形象出现了，比如士兵们高高兴兴地走上战场，场外的亚当·斯密和上帝同时注视着他们。

因此，斯密和休谟都扩展和限定了快乐的范围。他们的启蒙运动时代思想，试图定义普遍适用于所有人的社会美德概念。然而，他们写作的情感词汇是有限的。他们重新构想了情感与群体之间的因果关系，快乐不再是《新约》中的“乐意捐献者”，其中快乐表示以上帝的话语为根基的团契，而到了启蒙运动时期，快乐是情感本身，即快乐的“火焰”造就了群体关系。如果群体的黏合剂是情感的愉悦，那么那些被排除在快乐之外的人则被排除在群体之外。在斯密和休谟的哲学世界中，被排除在外的是有色人种、穷人（不管他们在逆境中的乐观精神如何令人“钦佩”）、残疾人和妇女。换言之，快乐把一些群体联系在一起，但这些群体都是由背景相似的人组成的，如士兵、哲学家、具有“高尚情操”的人。休谟和斯密对快乐群体进行理论化之后，在接下来的一个半世纪里，“快乐”成为很多现代小群体的特征，这些群体包括大学校友、男性私人俱乐部、精英大学。对于这些群体而言，快乐也是表现群体认同。在同龄人中，清晰可辨且坚定快乐是一个人属于这个特定群体的标志。无论这些群体如何鼓吹其抽象的、具有启发性的、促进包容的理想，他们的情感词汇仍然是排外的。斯密所谓的工人具有的快乐能量导致其劳累过度的说法，为此提供了更为阴暗的视角，暗示着等级制度和控制的必要性。[16]

要理解这些快乐群体如何面对他们的极限，现在我们应该把目光转向小说。快乐的小群体与其旁观者之间的张力，有助于塑造经典英国小说。

第七章

岁月流逝中的快乐：简·奥斯丁

能屈能伸的快乐天性

资产阶级文化兴起之后，快乐地长大成人意味着什么？在前一章中，我们追溯了休谟和斯密等启蒙思想家如何试图从世俗和社会的角度重新定义快乐。在他们看来，快乐是可以迁徙的，也是有益的，它决定着小群体成员的行动，并为其提供动力，它弥散于群体之中，并改变着人们。快乐为资本主义生产力提供了一个具有情感维度的词语。鉴于这些思想家声称要用普遍的术语来谈论人类（虽然他们特指欧洲男性群体），并且关注能够说明资产阶级价值观崛起的社会互动形式（财产、礼貌的谈话、公共道德、商业交换等），我们有必要问一问，当这些快乐的行为形式广泛存在时，会发生什么？

为此，我们必须探究资产阶级时代的伟大文学体裁，即19世纪的"现实主义"小说，这也是本章和下一章的关注重点。在这一章里，我将分析简·奥斯丁的小说。在她对19世纪早期英国地方贵族之间婚姻游戏的描述中，其主题包括情感景观、社会习俗、经济压力，正是这些因素影响并塑造了上层资产阶级文化。对于奥斯丁而言，快乐为这一时代赋予了情感内容和形式。

当简·奥斯丁的最后两部小说《诺桑觉寺》(*Northanger Abbey*) 和《劝导》(*Persuasion*) 于1818年出版时，奥斯丁的哥哥亨利在书后附了一份生平后记。由于奥斯丁在小说出版前一年去世，后记提供了一些有价值的重要信息。亨利在后记中讲述了妹妹去世前的情形，他提到，在生命的最后几个月里，她忍受着"弥留之际的种种痛苦和烦闷，要做到这些不仅仅是逆来顺受，更多来自能屈能伸的快乐天性①"[1]。她对上帝和同胞的爱依然强烈，直到最后一刻依然保持清醒。

在哥哥亨利看来，奥斯丁面对死亡时的勇气值得称颂。她的快乐被视为人类对抗"自然衰败规律"的斗争。斯多葛主义者（男性）的经典临终场景往往是无动于衷，以示其坚定不移；简·奥斯丁则不然，她在临终之际依然流露出心底的快乐和爱，"不仅仅是逆来顺受"。快乐是她独一无二的特质。

亨利·奥斯丁用"能屈能伸"来形容简·奥斯丁面对死亡的态度，这不禁让我们想到她小说中人物的柔软和韧性。如果说快乐意味着与未来的关系，意味着振奋精神、超越当

---

① 本书中《劝导》引用部分的译文均选自《劝导》(陈南译)，人民文学出版社，2022。

下，那么奥斯丁面对死亡时所表现出的快乐真的非同寻常。我们可以这样认为：能屈能伸的快乐是一种能够让人逃避未来压力的情感品质。

奥斯丁笔下的女性角色身处一个女性受到社会约束的世界，周围不时出现男性追求者，爱管闲事的亲戚无处不在，她们在寻求出路的过程中，不免受到情感力量的冲击。我们一方面要把她们同上一代人比较，不希望她们也成为那样的人；另一方面要把她们同“堕落的”反例比较，希望她们永远不会误入歧途。因此她们必须才华横溢(谈话、音乐、艺术方面),举止优雅，相貌出众。[2]在各种压力之下，快乐成为个人修养的理想状态。对于休谟和斯密而言，快乐是具有空间属性的，只有特定的群体存在其中。而对于奥斯丁而言，快乐主要是世俗性的。在某种层面上，这种世俗性涉及习惯和时间上的重复。在奥斯丁笔下，快乐常常被视为事物稳定性的一种标志。因此，在《理智与情感》(*Sense and Sensibility*)中，我们见到了达什伍德太太（Mrs. Dashwood），当她的女儿们离开时，即使詹宁斯太太（Mrs. Jennings）用“她一贯的喧闹”迎接她们，她也表现出“一贯的快乐”。[3]在《傲慢与偏见》(*Pride and Prejudice*）中，伊丽莎白·班纳特(Elizabeth Bennet）回到家中，面对困境“希望能像往常一样愉快”[4]。韦斯顿先生（Mr. Weston）在《爱玛》(*Emma*）中“一如既往地愉快”[5]，正如伊莎贝拉（Isabella）在《诺桑觉寺》中“一如既往地快乐、和蔼可亲”[6]。奥斯丁构建的社会进步和婚姻之微型经济体要想正常运作，快乐似乎必须作为理想状态而存在。

然而，快乐作为奥斯丁小说中的常见主题，其形式是多样的。在晚期小说《劝导》中，大龄未婚的安妮·艾略特（Anne Elliot）聪明睿智，当她遇到老同学史密斯夫人（Mrs. Smith）时，史密斯夫人已经成为寡妇，生活拮据，境遇“凄惨”（cheerless），安妮不免感到惊讶。然而，史密斯夫人“健谈又开朗，这倒是出乎安妮的意料”，除此之外，史密斯夫人的快乐被描述为一种“额外的”或补充性的品质——“她能屈能伸，容易自我安慰”。[7]这让人不禁想到奥斯丁在面对死亡时“能屈能伸的”性格，也反映了安妮和温特沃斯（Wentworth）订婚之后不久即取消婚约，当时伤心欲绝的处境。

当然，在某个层面上，对于英国乡绅而言，乡村生活枯燥乏味、社交圈子狭窄、天气阴郁恶劣，推崇快乐可谓一种道德上的迫切需要。但是在哪里可以找到奥斯丁式的快乐呢？答案不在书中。《劝导》中的本威克中校（Captain Benwick）酷爱读书，“尤其喜欢诗歌”，安妮·艾略特不得不告诫他应当多读散文。当他最终与路易莎·默斯格罗夫（Louisa Musgrove）订婚时，希望她会喜欢上拜伦和斯科特的诗歌，而他也会“重拾快乐”。诗歌和快乐交换互补，将会造就一对美满佳偶。在此，文学品位成为情感发展和佳偶天成的标准。斯宾诺莎说，快乐不嫌多，然而太多的诗歌，未必是一件好事。

对于快乐而言，最重要的是其社会基础。在《诺桑觉寺》前半部分的最后几段中，凯瑟琳·莫兰（Catherine Morland）

告诉约翰·索普（John Thorpe）："陪伴总是令人愉快的。"他回答说："给我一点快乐的陪伴，让我只和我爱的人做伴，让其他的一切都见鬼去吧。"显然，这里的难点在于"我爱的人"是否一定是"快乐的陪伴"——这对于奥斯丁笔下的适婚女主角更重要——最关键的是一个人是否真的能弄清楚自己爱的是谁。这对我们的研究目的来说意义重大，因为在后面谈到狄更斯的章节中，我们将会看到，快乐动摇了资产阶级的体面。目前来看，值得思考的问题是，尽管存在性别差异，快乐是否依然将奥斯丁笔下的群体联系在一起，还是快乐作为分界线，将这个群体一分为二？

奥斯丁后期的小说在某种程度上不像她早期的小说那样对快乐主题感兴趣。因此，我们可以从她出版的第一部作品《理智与情感》（1811年）中，了解快乐是如何在资产阶级小说的新文学世界中发挥作用的。《理智与情感》扩展并戏仿了18世纪的感伤主义文学，这种文学在很多方面借鉴了我们在斯密和休谟作品中看到的道德语言。《理智与情感》第1章就将快乐主题引入，并成为小说的核心主题。亨利·达什伍德先生，小说的女主角埃莉诺（Elinor）和玛丽安（Marianne）的父亲，在第1章开头部分遭遇变故，叔父去世，自己失去了诺兰庄园（Norland）的控制权，达什伍德先生大失所望，"好在他生性乐观，想到自己还不算太老，以后的日子还长着呢"[①]。在莎士比亚悲剧中，经典情节是在

① 相关译文均选自《理智与情感》（步朝霞译），人民文学出版社，2022。

主角遭遇厄运时，同时被快乐所抛弃，快乐是时运兴衰的标志，而奥斯丁笔下的达什伍德并非如此。对于资产阶级的快乐而言，最重要的特质是稳定。尽管命运变幻莫测，好脾气却能让你坚持生活下去。然而，这似乎只持续了很短的时间，因为达什伍德先生一年后就去世了，留下了一无所有的妻子和女儿。至于达什伍德太太，她在书中是一个情绪多变的人——“高兴时她比谁都兴奋，满怀希望地憧憬着幸福，而这憧憬本身就是幸福；但悲伤起来也一样不能自拔。她的快乐无比纯粹，悲伤难以安抚”。

在以上对达什伍德夫妇的描述中，让我们印象深刻的是乐观天性与时间之间的关系。我们并不清楚达什伍德先生之所以乐观，是因为他相信自己可以长寿，还是因为他乐观，所以抱有长寿的希望。在达什伍德太太身上，我们看到的幸福实际上是对幸福的期望，类似于一种愿望投射的轨迹。对于达什伍德夫妇而言，快乐是关乎未来的事情。它不再具有莎士比亚《理查三世》中的悲剧色彩，也与狄更斯小说中乐观人物的社会流动性无关，后者将在下一章中得到讨论。但夫妇之间还是有区别的，在达什伍德先生看来，只要勤俭持家，家庭的状况就会得到改善。相比之下，达什伍德太太是奥斯丁笔下的第一位母亲形象，于她而言，快乐与想象有关，是关于幸福的幻想。对幸福的期待是一种道德状态，其表现为快乐，也是一种情感品质。因为最终的幸福是“可期待的”，当下的快乐也是幸福的一种形式。因此我们可以说，由于快乐在未来可期，使得女性角色满意于当下的状态。她的座右铭也许是“我期待，故我在”。这既不是基督徒的救赎希望，也不是股票投资者对于长期回报的乐观。它是一种人际经济，涉及自我对社会理想的情感投资。

当然，快乐总是意味着与时间的某种关系。要想拥有快乐，一个人必须对更光明的未来抱有一定的信心，即使是暂时的。如果你正在受苦，快乐可以让你度过下一个痛苦的时刻。奥斯丁将快乐的时间性扩展为一套全面的价值观。她用快乐的存在来思考时间和女性身份是如何交织在一起的。几页后，埃莉诺谈到母亲对于未来的看法，认为她过于天真，因为对于达什伍德太太来说，“愿望就是希望，希望就是期待”。在此我们应当留意到，叙述者对于达什伍德太太与埃莉诺的快乐采用了不同的描述，达什伍德太太的快乐是“满怀希望地憧憬着幸福”，埃莉诺则不然。在小说叙事中，对于达什伍德太太而言，期待快乐就意味着了解快乐是什么，期待快乐相当于得到快乐。然而，对于更细心的埃莉诺，叙述者对她的描述也更加复杂。在埃莉诺看来，达什伍德太太眼中的快乐模式只能通过想象来支撑，是欲望（“想要”）加上时间维度（“希望”），从而转变为幻想（“期望”）。因此，快乐是奥斯丁小说中已婚女性必须身处其间的幻想之云。达什伍德太太扮演着这样的角色：一直没有达到情绪稳定（幸福是对幸福的期望），同时对于当下身边发生的现实欲盖弥彰。事实上，达什伍德太太的行为大多来源于自己的快乐心态所导致的错误期望。她并不像奥斯丁后期小说中的其他母亲形象那般荒谬，如《傲慢与偏见》中的班纳特夫人，但她也只是个戏仿的角色而已，戏仿的原型是莎士比亚和拉伯雷过度解读的快乐阅读者，总是试图解读出最高深的含义。这就是后休谟时代感染力强的快乐情绪，在资产阶级社会中传播时会产生的后果。快乐成为一种社会规范。你应该是快乐的，至少对于一个女人而言是这样。可埃莉诺对此不那么肯定。[8]

快乐和意志

在奥斯丁时代，意志和快乐之间的关系是许多针对年轻女性的行为指导文学的主题。18世纪晚期流传最广的一本书是《礼貌的女士》(*The Polite Lady*)，或称《女性教育课程：一个母亲给女儿的书信集》(*A Course of Female Education in a Series of Letters, from a Mother to a Daughter*)，书中母亲建议女儿不要过于愤怒，并提供了一个完全不同的方法：

> 为了这个目的，亲爱的女儿，我劝你时时刻刻都要保持愉快和活泼。这是善良本性的外在流露……虽然这可能只是美德的表象而非现实，但是，通过习惯性地保持它的表象，你最终可能拥有美德本身。因为一个人如果一生扮演一个角色，一定会从中汲取精神。因此，通过一种善意的欺骗，你不仅可以让世人相信你天性纯良，更重要的是，你甚至可以通过欺骗自己而真正获得这种和蔼可亲的品质。[9]

《礼貌的女士》一书的作者从道德的角度阐述了快乐对自我的影响，从伊拉斯谟到斯达尔夫人的作品，我们已经多次看到了这种影响。在这个版本中，人们都伪装出一副快乐的样子。如果你假装拥有这些品质，你就可以“欺骗”自己，直到真正获得这些品质。她还强调与其他“朋友和好心人”交谈的重要性，他们可以强化这种“善意的欺骗”。

对达什伍德一家而言，快乐可能与对故事的信念有关——那些由自己的愿望催生的故事，在第15章中有所体现，其中出现了这本小说中的第一个危机。达什伍德太太和由于父亲去世而变得一贫如洗的女儿们，离开了诺兰庄园，在巴顿乡舍（Barton Hall）安顿下来，仰仗远房亲戚约翰·米德尔顿爵士（Sir John Middleton）的慷慨谋生活——米德尔顿爵士“对人和颜悦色，十分友好”，他不拘小节，但不令人反感，其坦率、热情模糊了资产阶级的快乐与粗人的快活之间的界限。小女儿玛丽安和英俊潇洒的青年约翰·威洛比（John Willoughby）偶然相遇，看似威洛比用不了多久便会向玛丽安求婚，对此达什伍德太太尤其深信不疑。然而，事情却发生了意想不到的变化，她和埃莉诺去看望朋友詹宁斯太太，故意让玛丽安与威洛比有单独在一起的机会，回家之后，却发现玛丽安“看上去痛苦极了”。达什伍德太太对未来幸福的幻想和快乐期待破碎了，因为接下来作者告诉我们，随之而来的景象“却是她始料未及的”。

玛丽安哭着跑出房间，达什伍德太太问威洛比：“她怎么了？病了吗？”威洛比努力做出高兴的样子，答道：“但愿不是。”然后勉强挤出一丝笑容，说：“倒是我，可能要病了，因为我真是失望透顶了！”随后他说明自己必须无限期地离开比利村，于是粉碎了向玛丽安求婚的任何希望。

这里就情感景观而言，其关键是威洛比“努力做出高兴的样子”。本书前面的章节多次讲到，如果快乐是身体呈现与行动的统一，那么我们可以“使”自己快乐；如果做不到这一点，或者如上文所述努力无效的话，小说的情感结构和时间呈现都会受到影响。小说中叙述者的声音似乎让人难以捉摸。书中充满着人们对彼此的观察和评价，那么是谁在对威洛比的不适做出了如此重要的评价？谁说他“努力做出高兴的样子”？这会有什么效果？在这里，快乐的尝试似乎失败了——或者，至少无论威洛比的表情如何，在叙述者看来，他的尝试失败了。这种失败对于达什伍德一家而言，是她们完全无法理解的一种情感暴力。“突然就走了！”达什伍德太太叫道，“仿佛是一眨眼的事。昨天晚上还和我们快快乐乐、亲亲热热待在一起，现在却说走就走了。”在此，威洛比真诚的快乐已经让位于虚假的快乐，试图通过“勉强挤出一丝笑容”来开始一场表演——无论这是什么，都不重要了。[10]

这种情感暴力也是一种认知危机。威洛比性格的突然变化令人无法理解他为何不再快乐。由于无法对他“解读”，达什伍德太太和埃莉诺不得不编出一个故事，解释他为何突然像换了一个人似的。“我相信事情就是这样。”过了一会儿，达什伍德太太说，威洛比的姑妈史密斯太太已经把他打发走了。这种说法是在为威洛比开脱，使他看起来像是邪恶姑妈的棋子。当她询问埃莉诺对这一解读有何看法时，埃莉诺就像莎士比亚戏剧《李尔王》（*King Lear*）中的科迪莉亚（Cordelia），只是简单地回答："没有了。"达什伍德太太对女儿的解读很不满意："你要说可以是这样，也可能不是。哎呀！埃莉诺，我真是不明白！你宁愿往坏处想，也不往好处想。"威洛比的行为令人费解，似乎连埃莉诺也无法做出解读。

这里我们看到，随着一系列提问，小说中的人物全部陷入危机，这不仅是对威洛比快乐性格的质疑，也是对母女关系的考验。达什伍德太太和埃莉诺在小说创作和文学解释学的语言中寻求庇护。她们努力书写一个故事，试图解释威洛比的"反常"。与母亲的宽容相比，埃莉诺的态度充满了怀疑。她指出，威洛比在他们见面时"说话的样子太反常了"。她承认，她不应该仅仅因为他的行为"偏离了我所认为的正确和得体"而怀疑他。然而，即使威洛比的行为能够表现出一丝的得体性和一致性，埃莉诺也不愿意相信任何一个故事，哪怕这个故事对威洛比而言是个完美的借口。"这份婚约从一开始就面临重重压力。"达什伍德太太总结道。她还在坚持自己的幻想，认为威洛比和玛丽安已经达成了一致。在这种解读的僵局中，埃莉诺和达什伍德太太都在试图弄清楚威洛比为何勉强挤出一丝笑容，这时谈话结束了。

这是奥斯丁写作生涯中第一次将焦点集中于编故事。至此，我们似乎已经看到快乐经济学的整个情感和道德网络开始分崩离析。威洛比快乐不起来，他无法"做出高兴的样子”，这同时带来了性格危机和时间危机。因为威洛比是个男人，所以他可以如达什伍德夫人所言，“对两个人的将来又漠不关心”。他与时间的关系与女性所面临的时间关系迥然不同。因为他，达什伍德家的女人们需要对发生的事情重新解读，构建一种新的叙事，在这种叙事中，“期望”不复存在。在这个过程中，群体团结出现裂痕，母女关系对立起来。威洛比勉强挤出的笑容使他具有了另外一重身份，导致对其快乐叙事的重新评价，至此也确立了奥斯丁第一部出版小说中的女性理想。[11]

《理智与情感》的其余部分都在试图修复威洛比给达什伍德家造成的情感创伤。在女性主体性的预设模式中，宇宙充满无限可能，对幸福的期待会产生快乐。然而，当威洛比强颜欢笑时，这种与未来的叙事关系被撕裂了，正如威洛比的名字（Willoughby）戏仿了意志（will）和快乐（cheerfulness）之间的关系。他不再快乐，既强调了那一时刻的情感暴力，又强调了玛丽安之所以经受创伤，与她的女性性别密切相关。

语法构建之上的快乐

接下来的问题是奥斯丁如何把我们从看似断裂的人物关系中带回来。在小说中的另一个重要时刻，通过聚焦于阅读、解读以及想象，奥斯丁又回到了这些主题。这是对上文中破碎时刻的修复和抵消。玛丽安和埃莉诺去了一趟伦敦，在那里玛丽安再次见到了威洛比，这使她遭遇了前所未有的健康危机，险些香消玉殒。回到巴顿乡舍之后，她的身体慢慢康复了。与此同时，威洛比向埃莉诺坦白了自己的轻率和弱点，埃莉诺或多或少原谅了他。而一直备受煎熬的布兰登上校（Colonel Brandon）向达什伍德太太透露了他对玛丽安的爱意，玛丽安也正在好转。埃莉诺思绪万千，她“心神不宁，浑然不觉自己的疲劳”。她和母亲全心全意地照顾着妹妹，达什伍德太太又回到了老样子，有什么话都不会藏着掖着：“玛丽安一天天好起来，达什伍德太太反复说，自己真是世界上最幸福的人。她容光焕发，精神振奋，可见所言非虚。”奥斯丁的语言道出了真相，因为“可见所言非虚”表示的可能是达什伍德太太，或是她对女儿的幻想。不管怎样，埃莉诺仍然对母亲的快乐持怀疑态度，认为这是她“凭着自己丰富的想象不自觉美化的结果”。至少，我们看到的是达什伍德太太重新找回了快乐。快乐回归了，但不一定是玛丽安的快乐。

因此，达什伍德太太仍然是一个热爱编故事的人，她总是不由自主地去“想象”一些事情。布兰登上校拜访玛丽安时，达什伍德太太性格中爱幻想的一面又显露无遗。这里的重点是如何解读。布兰登已经说出了自己对玛丽安的爱意，但埃莉诺知道，他对玛丽安着迷，也是因为玛丽安与他逝去的未婚妻伊莉莎·威廉姆斯（Eliza Williams）长得很像。他看到玛丽安时，“脸色变化不定”，埃莉诺的解读使他陷入了回忆。玛丽安从死神那里逃脱出来，让他想起伊莉莎曾经香消玉殒的状况。相比之下，达什伍德太太却浑然不觉，她觉得这一切“不过是最简单、最不言而喻的真情流露”。在此，重要的不仅是愚鲁的母亲和挑剔的女儿的不同视角，奥斯丁要求我们思考人们是如何解读彼此的行为，更重要的是，快乐的情感指南针如何重新校准，又如何从身体中识别。自从威洛比的“虚假快乐”出现之后，对所有的面孔都值得进行怀疑式解读。解读本身就是一个重要课题。

奥斯丁详细叙述了玛丽安重拾快乐的情感历程。在达什伍德一家返回巴顿的途中，埃莉诺极尽耐心周到，体恤着玛丽安的心情。玛丽安“身体舒适，心情平静”，令她的母亲和姐姐很满意。埃莉诺面对玛丽安软弱表现时的“内心痛楚”此时也开始转变，因为她看到玛丽安“明显地平静下来”，她相信这是妹妹“认真思考”的结果。我们看到，“所以一定会继续好下去，直到她真正地感到满足和快乐”。然而，上面这句话中的“明显”究竟是指“看起来”还是“显而易见”，对我们来说并不是那么显而易见。

这一情感历程的惊人之处在于，它逆转了“由外而内”的情绪运动模式，这在许多早期作家的快乐叙事中出现过，包括《礼貌的女士》。加尔文基于宗教承诺的道德教育，休谟笔下快乐哲学家身上弥散的快乐，现在让位于内心的努力，或者说至少埃莉诺是这样理解的，因为我们永远不知道玛丽安在康复的过程中到底经历了什么。我们知道的是，埃莉诺认为玛丽安的快乐是“认真思考的结果……所以一定会继续好下去，直到她真正地感到满足和快乐”。我们也知道，玛丽安最终重新开始社交和交谈。一家人回到巴顿之后，玛丽安还留有对威洛比的回忆，她不怎么说话，但“只要开口，每句话都尽量显得高高兴兴的”，虽然有时也会发出一声叹息，“但总不忘补上一个微笑”。这不再是我们在小说开头看到的，达什伍德夫人对于时间抱有愉快的“期待”，玛丽安通过言语和微笑重构了小说中的时间呈现。从玛丽安的叹息中，还能分辨出威洛比强挤出来的笑容和伪装的快乐对玛丽安的伤害。对此，玛丽安的微笑是一种补充或纠正，而不是内心幸福的表达。这是一种充满自我意识的微笑，有一丝讽刺的意味：事实上，快乐还没有到来。这从刚刚发出的叹息中可以看出，而不是有关情感满足的文字表述。

于是，情感疗愈与一系列表示时间的词语串联在一起。确切地说，是语法本身最终使快乐失而复得，并重构了小说的人物世界，这也是奥斯丁以语言改变心理并改变自我的过程。与《礼貌的女士》中表演性的“善意的欺骗”不同，我们在小说中通过玛丽安的叹息与微笑，看到一种渐进的情感变化。这种变化是围绕快乐完成的，“只要开口，每句话都尽量显得高高兴兴的”，快乐是目标，再一次投射于未来，不再是期待，如果玛丽安说每一句话时都能做到快快乐乐，那么这可以表明她已经走出了死亡的阴影。事实上，过了一会儿，她盼望着妹妹玛格丽特（Margaret）赶快回来，“那样一家人就又能其乐融融地在一起了。大家既有共同的消遣，又有彼此愉快的陪伴，她说这是自己目前唯一的期盼了”。在此，快乐不再是社会秩序的普遍特征。它已经被重新定义为资产阶级个人发展的一种力量，我们可以称之为个性特点——这在玛丽安略显尴尬的微笑中已露端倪。

这里的重点是，虽然奥斯丁的小说以婚姻为主题，讲述年轻女性寻找如意丈夫的故事。除此之外，还存在着另一种叙事，即快乐叙事，正是快乐叙事使其中的人物有了迥然不同的故事。甚至可以说，是快乐叙事使得人物“性格”（包含这个词的所有含义）脱离了人物与快乐之间的关系。达什伍德太太那股没头没脑的快活劲儿，只是源于她对生活的幻想（编造故事）；威洛比的快乐是转瞬即逝的，揭开威洛比的快乐面纱，就是揭开社交圈中的一整套习俗伪饰。相比之下，玛丽安只能通过“尽量”快乐，以快乐为目标，才能摆脱死亡的阴影。她和母亲的不同之处在于，对于玛丽安而言，期待快乐本身并非快乐。以快乐为目标——这一点似乎只有叙述者了然于胸——使得玛丽安的快乐既不同于老一代人的快乐，又不同于小说中社交圈里表面上的快乐。对于某些人来说，快乐来得很容易，但对于另一些曾经为情所伤的人而言，它需要努力，需要一种“坚定”，来面对并克服逆境。

埃莉诺似乎对他人的快乐并不感兴趣；相反，她是其他人是否快乐的见证人。因此，她的存在本身就表明，休谟和斯密笔下的快乐哲学家并没有感染每一位观众。她的见证表明，在一个由男性演员组成的世界里，女性的力量是有限的，像威洛比一样“努力做出高兴的样子”，他们决定了年轻女性的命运，而年轻女性别无选择，只能蒙受羞辱或深陷于沮丧之中。

在《理智与情感》中，快乐是塑造19世纪初英国资产阶级社交关系的一种力量。快乐既具有社会价值，又是奥斯丁的文学手段。它是社交的情感属性，也通过友好的接触和交谈等社交仪式，巩固了社交关系。快乐对于女性而言是情感支撑，因为它既塑造了她们的个性，又定义了她们与时间和命运的关系。作为一种文学手段，它为人物赋予了叙事形式。然而，正如我们所看到的，它并非不受冲击。正如莎士比亚戏剧一样，悲剧人物也会失去欢乐。当道德缺陷或不当的社会行为出现时，快乐就变为对自身的戏仿，正如我们看到威洛比在面对可能的指责时，装出一副快乐的样子。奥斯丁使用了文学术语，将这些危机时刻描述为叙事、阅读和写作的危机。与莎士比亚笔下贵族们的政治命运不同，在奥斯丁的小说中，快乐可以通过自我的努力而重新获得。玛丽安的意志力，加上叙述者和埃莉诺的鼓励，使快乐得以重构。而这种新的快乐——通过一个微笑“补上”的快乐，比起以往女性通过顺从得到的快乐，更具有一些不确定性。

快乐与自我控制的辩证关系是奥斯丁作品中一再出现的主题，可见于她的第三部小说《曼斯菲尔德庄园》（*Mansfield Park*）。这部小说的女主角范妮·普赖斯（Fanny Price）和《理智与情感》中的埃莉诺·达什伍德一样，是一个见证者、一个观察者。作为伯特伦家族（Bertram family）的穷亲戚，她有机会接受亨利·克劳福德（Henry Crawford）的求婚，亨利虽有吸引力，但风流成性。在小说的第4章中，她的堂兄、知己埃德蒙（Edmund）建议她接受求婚。但范妮反对说，她和亨利格格不入（“我们俩没有一样兴趣是一致的”①），而埃德蒙却认为性格差异并不是问题所在。她“容易消沉”，总爱把困难想象得超过了真实的情况。相比之下，亨利是快乐的，“他的兴奋乐观永远都会是对你的支持”[12]。埃德蒙接着指出，范妮的忧郁与亨利的欢乐之间的反差实际上是有益的，这最好不过了，夫妻性格不同是一个“有利因素”，“我绝对相信，在这些方面有所差别，对婚姻幸福是有利的”。

在此，我们可以看到，埃德蒙是一个快乐的阅读者，他看到的是问题的有利因素，高高兴兴地相信最好的结果。这是男性阅读者的特权。在上面的过程中，他把快乐写入婚姻，不是作为女性身份的特征，而是作为个人发展的目标。而持怀疑态度的快乐见证者范妮，将通过接受亨利的快乐，由亨利带领，接受自己的命运。然而范妮拒绝上钩，因为她质疑的并不是亨利的脾气，而是他的道德感。“我看不惯他的人品。”她说道。

这种性格与气质之间的张力，在《理智与情感》的叙事中也曾出现过，它强调了奥斯丁作品中快乐的矛盾性。她的小说世界是由快乐定义的，快乐或者为小说中的角色注入了个性，或者为女性角色设定了目标——一个她们最终需要达成的目标。对于像埃莉诺和范妮这样不快乐并持怀疑态度的见证者而言，这种快乐机制是存在缺陷的。最终，那些最坚强、最有洞察力的人物往往是不快乐的。在快乐的母亲和多

① 译文均选自《曼斯菲尔德庄园》（梅海译），人民文学出版社，2022。

疑的大女儿之间，站着像玛丽安·达什伍德这样的人物，她是轻信社交快乐的受害者，但她在努力重获快乐。在她的努力中，我们可以找到一个具有现代性的主体，她深受“个性特点”和“气质”的影响，急切地想要回归正常。奥斯丁在生命的最后几天里所表现出的“能屈能伸的”快乐，是否她努力的结果，她是否已经超过了这样的努力，我们不得而知。

第八章

资本主义时期的快乐野心：从狄更斯到阿尔杰

自助者天助

在《理智与情感》一书中，简·奥斯丁笔下的年轻主人公约翰·威洛比出乎意料地没有向玛丽安·达什伍德求婚，打乱了小说的整个情感体系。广义而言，他揭示了贵族世界的局限性，在这个世界里，快乐被视为理所当然，快乐也是稳定的社会制度之下的情感指标。奥斯丁世界里小群体中的成员理所当然是快乐的，他们生性开朗、相处愉悦，对未来充满希望，其中的女性尤其是众人期待的快乐榜样。然而，随着19世纪的到来，一种新的快乐出现了。快乐的主体是野心勃勃的底层男性，快乐对于他们而言，不是稳定社会车轮的润滑剂，而是推动他们在社会阶梯上往上爬的助力。在巴尔扎克和司汤达的小说中，我们可以看到这些人物，如《幻灭》(*Lost Illusions*)中野心勃勃的年轻人吕西安·夏顿(Lucien Chardon)、《红与黑》(*The Red and the Black*)中的于连（Julien），无一不是决心出人头地，跻身上流社会。这些人物往往出身低微，根植于早期流浪汉文学传统，他们反映了一个新时代的到来，其显著特征为较大规模的社会流动。他们的价值观不同于奥斯丁笔下出身优越的男主角，后者只在婚姻市场或遗产游戏中争权夺利。在这一章中，我们将看到，在努力工作和社会进步的叙事中，快乐仍然是不可忽视的存在。事实上，对于出身低微、野心勃勃的人而言，这甚至是一种工作要求。与此同时，这种品质却很少得到关注。因此，快乐只是出现在边缘区域，就像反射光，出现在即兴评论或冷嘲热讽中；而在文学之镜中，可以隐约地看到快乐的自我与资产阶级价值观之间的不适关系。

在此时的英国文学中，也出现了这类新型文学和社会意义上的主角，他们出身低微、野心勃勃，在查尔斯·狄更斯的作品中尤为突出。狄更斯笔下的主人公渴望从苦难走向富裕。然而，狄更斯作品的独特之处在于，虽然他笔下的主要角色野心勃勃，但是在他们身上看不到巴尔扎克、司汤达或陀思妥耶夫斯基笔下的男主角的冷酷无情、不受道德观念的制约。同样，赚钱这个令人不齿的问题也常常被边缘化，只是一笔带过，或被视为理所当然。狄更斯小说中的男主角获得成功的方式更像是传奇故事——或是失散多年的亲戚突然出现，或是神秘的陌生人赠予了大笔财富。当这些男主角做工的时候——比如大卫·科波菲尔在仓库里劳作，后来成为一名抄写员，再后来成为一名作家——书中极少提及他们积累财富的种种细节，主要原因是金钱本身是资产阶级文化的禁忌话题，狄更斯也不例外。因此，在思考快乐与野心的关系方面，狄更斯不失为一个很好的研究对象。

尽管我们经常用“狄更斯式”这一术语来形容在污染严重的城市中深陷贫困的状况，但在狄更斯的作品中，还有一个截然不同的快乐主题。毕竟，他的圣诞故事家喻户晓，他的很多部小说堪称艰难时世中的补救性社交编年史。事实上，小说《马丁·瞿述伟》（*Martin Chuzzlewitt*）甚至据此设计了一对名为“快乐兄弟”的角色。在某种程度上，快乐似乎在狄更斯的作品中无处不在。那么在哪里可以找到快乐机制，它又是如何在其中运作的呢？

在《理智与情感》中，奥斯丁笔下的约翰·威洛比性格软弱、口是心非，男性的快乐可以说是一种危险的品质。在狄更斯笔下，男主角的快乐往往既不是显而易见的，又不是咄咄逼人的（或虚情假意）。这些性格特质是留给次要人物的，如《大卫·科波菲尔》中的米考伯先生（Mr. Micawber），他的快乐既多余又盲目；或是尤赖亚·希普（Uriah Heep），他的快乐表演处处透着虚伪。因此，我们可以这样假设：快乐在狄更斯小说中“无处不在”，它是一种氛围，但非书中主角如皮普（Pip）或大卫·科波菲尔等人的性格特质。那么，狄更斯的小说形式是如何体现快乐主题并将快乐与野心勃勃的男主角联系起来的？当我们进入现代工业资本主义世界时，狄更斯笔下的快乐的用途和变化是什么？[1]

让我们将目光转向维多利亚时代最流行的道德哲学手册《自助》（*Self-Help*），该书首次出版于1859年，作者是塞缪尔·斯迈尔斯（Samuel Smiles），从中可以看出快乐主题从奥斯丁到狄更斯的变化。斯迈尔斯的书中列举了众多英国杰出人物，为读者打造了良好举止的榜样。正如在奥斯丁笔下，快乐塑造了女性对时间的体验——对婚姻的期待、对未来的希望；在斯迈尔斯这里，快乐通过描述工作与时间的关系，为男性的抱负进行定义。斯迈尔斯认为，成功需要勤奋和耐心："伟大的成果不可能一蹴而就……我们常常要等待很长时间，在满怀希望耐心期待的同时也要满足……然而，要耐心地工作，人们首先必须要愉快地工作。快乐工作是一种优秀品质，它为人们的性格赋予了极大的弹性。"随后，他又告诫读者："对于年轻人而言，能愉快工作的人是最有价值且最有感染力的榜样。快乐使人能屈能伸，即使遭遇困难也不会悲观绝望，因为我们依然满怀希望，心中充满愉悦，才能够抓住机会取得成功。"[2]正如我们在上一章中所看到的，简·奥斯丁在临终时表现出"能屈能伸的快乐"，在此斯迈尔斯把它当作一种优秀的品质，它不是斯多葛派的美德，而是充满希望的抱负。快乐并未如休谟或奥斯丁所言，与公民社会相联系，而是与工作联系在一起。奥斯丁笔下的女主角们总是愉快地期待着快乐的到来。在此，时间是按照实现目标或者获得成功来构建的。快乐与耐心有关，耐心既是一种道德品质（它是持久的忍耐），又是一种实践品质（它以等待的形式出现）。快乐是一种情绪，有了它，人们才有耐心去工作。

在《大卫·科波菲尔》（1850年）中，野心与快乐交织在一起。这是一部结构松散的半自传体小说，其中融入了狄更斯从一贫如洗到功成名就，从无家可归到进入主流社会的许多生活经历。在《大卫·科波菲尔》的著名的开场白中，狄更斯就提出了一个问题：谁将成为真正的关注焦点？对于我们而言，这意味着谁代表着快乐并可以带来快乐。“在我这部自传里，主人公究竟是我，还是别的什么人，看下去就清楚了。①”[3]我们的任务是在书中找到快乐是如何运作的，不论是在科波菲尔身上，在他与他人的关系中，还是在他周围人的身上。

小说的情节围绕科波菲尔在不同人家的生活而展开：他姨奶奶的家、他寄宿于威克菲尔家（Wickfields）的房子、他的学校、裴果提先生（Mr. Peggotty）在雅茅斯（Yarmouth）的船屋、他的老板即未来岳父的家等。每个人都或多或少地欢迎科波菲尔，因此每个来来往往的时刻都带给了他情绪能量。科波菲尔四处流浪的生活使他成为一个快乐代理人。

我们可以看到在小说中最欢乐的场景里，大卫与各种各样的人碰面时所迸发的情感能量。在小说的第21章，大卫离开姨奶奶家外出旅行，为未来的职业生涯做打算，他来到雅茅斯裴果提先生家的船屋里，那里住着慈爱奶妈克拉拉·裴果提（Clara Peggotty）的弟弟丹尼尔（Daniel）、古米治太太（Mrs. Gummidge）、哈姆（Ham）、小艾米丽（Little Emily）。

---

① 相关译文均选自《大卫·科波菲尔》（庄绎传译），人民文学出版社，2008。

科波菲尔说得很清楚，他与朋友斯蒂福兹（Steerforth）的到来，颠覆了这个小房子的节奏。平时总是闷闷不乐的古米治太太变得“异常兴奋”，裴果提先生很高兴，艾米丽“为裴果提先生高兴而高兴”，哈姆露出了最开心的笑容。然而，当人们开始讲各自的故事时，气氛更加热烈。裴果提先生讲述了哈姆追求艾米丽的故事，科波菲尔“感到愉快……一种无法形容的易受影响的愉快”。当斯蒂福兹开始讲话时，所有人都被吸引了，当他讲到自己“有趣的经历”时，讲得非常“生动”，把听众都引入“如醉如痴的境地”。“我们都笑了……因为我们面对那轻松欢快的情景，也不禁产生了共鸣。”“我们高高兴兴地告了别，”科波菲尔回忆道，“我从来没有见过有人这么快活。”他总结道：“多么叫人高兴啊！”

在此，我们看到了启蒙运动时期思想家大卫·休谟和亚当·斯密谈到的小群体中的快乐，由于群体成员之间的“共鸣”使快乐得以圆满。在快乐的感染之下，群体中的成员联系在一起，进入“如醉如痴的境地”。而在狄更斯笔下，这种乌托邦式的群体之所以能够形成，完全是因为科波菲尔和他的阔朋友斯蒂福兹闯入了工人阶级的世界。这表明，只有通过不同社会群体的接触才会产生快乐。这与我们在简·奥斯丁那里看到的完全不同。

狄更斯将这种小群体的快乐置于“原始”或“社会底层”的语境中，裴果提先生家的渔村仿佛是某种早期经济或社会组织的遗迹。如同18世纪道德哲学中的“公正的旁观者”一样，大卫和斯蒂福兹扮演着中介和旁观者的角色，使我们注意到下层社会的快乐。然而，这并非什么好事，尽管科波菲尔带着好意而来，但斯蒂福兹讲述的故事却把快乐推向了“一种无法形容的易受影响的愉快”。气氛越愉快，这种其乐融融就越脆弱。他们才刚刚离开，斯蒂福兹便向科波菲尔道明了他对哈姆的蔑视和被艾米丽所吸引——暗示着接下来斯蒂福兹即将实施的引诱。斯蒂福兹拒绝安于自己所在的阶层，将无辜者视为猎物，从而将社会群体之间的共鸣引向邪路。两位来访者，其中一个带来了快乐，另一个则带来了痛苦。

正是从小说中这些无意识且危险的时刻中，我们可以看出快乐是如何运作的。除了像米考伯和希普这样过于乐天或虚伪的角色，书中塑造了各式各样来自不同阶层的人物，以及他们获得快乐的场景。他们获得快乐或变得（这是个合适的词）快乐，正是一些考验或危机时刻的结果。在辛劳之中，他们反而展示出充分的快乐，正如塞缪尔·斯迈尔斯所言：正是在逆境之中，快乐方能彰显工人阶级的成功。

这些场景在小说前几章中已经出现了，年幼的大卫被送到雅茅斯待了两个星期，住在一艘旧船上，这也是克拉拉·裴果提和她哥哥的房子。他在那里遇见了艾米丽，也瞥见了古米治太太，裴果提先生介绍说：“那位是古米治太太。”她的名字让大卫感到困惑：“怎么是古米治，裴果提先生?”在裴果提家发生的情节中，总是时不时切入古米治太太对自己死去“老伴儿”的悲伤回忆。她在情节刚展开时就出场了，完全以快乐的反面形象示人。裴果提先生去酒馆了，“开开心心地”工作，开心果大卫正在念书给大家听，古米治太太坐在那里，连眼皮也没有抬过，裴果提先生回来时，她也只是摇了摇头。“提起精神来呀，老大姐！”裴果提先生叫道，这只是让这位可怜的寡妇又流起了眼泪。大卫心想：“我坐在那里看着眼前发生的一切，非常自然地产生了这样一个想法：倒霉的不光是古米治太太，还有家里的其他一些人。但是裴果提先生并没有用这样的话来顶她，却再一次恳求她提起精神来。”

这简短的交流和大卫的看法构建起小群体内部的紧密联系，以及狄更斯笔下快乐的同情本质。裴果提先生对古米治太太的督促代表了家里所有人，而他们似乎也被古米治太太的自怜自怨所感染。同时，她的不幸遭遇也让周围的人团结在一起，都需要振作起来。她既赋予了这个小群体特殊性，又拒绝融入其情感世界。有些伤口似乎是无法愈合的。

也许他们可以做到，因为在小说情节发展到一半的时候，古米治太太突然不再忧郁了。他们突然得知，大卫的童年好友艾米丽，违背了与老实人哈姆的婚约，同邪恶的斯蒂福兹私奔了。裴果提先生宣布，他要马上离开，尽到自己的“义务”，找回外甥女。科波菲尔说，裴果提先生准备离开时，大家都尽力为之做准备：“这么一会儿的工夫，古米治太太竟然有这么大的变化呀！她成了另外一个人……她完全不考虑个人，又那样体谅身旁别人的痛苦，使我对她产生了某种敬意。”事实上，古米治太太完全投入干活儿了，“她一方面表示同情，一方面又保持平静、愉快的心情。在她身上发生的令人惊讶的变化中，这也是相当突出的一部分”。科波菲尔得出结论："古米治太太给我的教育，她向我展示的新的生活道路，是永远值得我思考的。"在这里，我们看到了塞缪尔·斯迈尔斯"快乐工作"理念的另一个版本。更重要的是，快乐是在群体遭遇危机的时刻出现的。它不是日常做法，而是对灾难的反应。这是外力刺激之下的行动反应。

压力之下的快乐

面对灾难时出现的快乐感觉，正是狄更斯式维多利亚改良主义与奥斯丁笔下期待与希望之快乐的不同之处。这也反映在另一层面的叙事之中，即科波菲尔的情感生活和职业发展。在小说开头部分，邪恶的继父把科波菲尔送去当童工，他费尽艰辛逃到多佛（Dover），在那里被姨奶奶贝西·特洛乌德（Betsey Trotwood）收留。在最落魄的时候（"也没有什么可卖的了"），他最终被安置在当地律师威克菲尔先生的家里，并留在那里上了学。也是在那里，他遇到了威克菲尔的女儿艾妮斯（Agnes），艾妮斯最后成为他的妻子。

当科波菲尔第一眼看到艾妮斯时，让人印象深刻的细节是他把艾妮斯同她父亲的房子联系起来。这是一个温馨的房子，四壁看上去有"很多洼进去的地方"，还有一段美丽的楼梯。在那里，科波菲尔第一次看到了威克菲尔先生的"小管家，他的女儿艾妮斯"。对艾妮斯相貌的描述同样让人印象深刻："我小时候，在一座教堂里看见过一个彩色玻璃窗，那是什么地方，什么时间，现在回想不起来了。那图案的内容是什么，也不记得了。但是我记得，当时她在那古老的楼上，在那阴沉的光线中转身，在上面等我们的时候，我就想起了那彩色玻璃窗。从那以后，我老把这窗户的幽静的光线与艾妮斯·威克菲尔联系在一起。”

因此，艾妮斯圣洁得如同教堂窗户上的画像。同样重要的是，她本身也是另外一幅画的复制品，这幅画是科波菲尔早些时候在一楼看到的，它是艾妮斯去世已久的母亲的画像。科波菲尔在客厅里等待的时候，那幅画上的姑娘“非常安详，非常温柔”地看着他。当艾妮斯出现时，“在我的想象之中，似乎那肖像长成了大人，而原来的真人却仍然是个孩子。虽然她非常开朗，非常愉快，她脸上乃至全身却有一种恬静的气氛，一种善良文静的精神，这是我一直不能忘怀的，也是我永远不能忘怀的”。这里出现了有趣的时间错置，艾妮斯被描绘成母亲肖像的“原版”，说明她有一天终会成为和母亲一样的人。母亲和孩子两个角色互相交融，使得“恬静的气氛”既可以形容母亲的脸，又可以形容孩子的脸。这些描述性词语在随后的段落中再次出现，这时“恬静的”形容的不再是面容，而是艾妮斯第一次出现时，彩色玻璃窗中透过的“幽静的光线”。

这些描述性语言的重要之处在于，这些词语都用来描述艾妮斯的“恬静”。狄更斯一遍又一遍地用这个词形容她，并强调艾妮斯的“恬静”是体现在为大家服务之中的。随着夜色渐深，威克菲尔先生“大部分时间，对我们是兴致勃勃的”，但有时他会陷入沉思，此时的艾妮斯会像我们在第3章里提过的伊丽莎白时代的医生蒂莫西·布莱特一样，用一点葡萄酒为他提神。

然而，如同艾米丽被引诱的危机，让古米治太太从忧郁的状态中走出来一样，艾妮斯在深思熟虑之后，情绪也发生了变化，从“恬静”变为“愉快”。小说情节进行到三分之二的时候，科波菲尔坠入了爱河，他爱上了美丽而肤浅的朵拉（Dora）。在第41章，科波菲尔在挚友汤米·特拉德（Tommy Traddles）的陪伴下，午后去拜访朵拉的家人并向她求婚，当时汤米正在追求索菲（Sophy）。“索菲”（智慧的象征）与徒有其表的“朵拉”之间的不同，意在提醒读者，这次求婚不会有什么好结果。但科波菲尔还是一往无前，他写信给姨奶奶，通报了胜利成果，姨奶奶回信说“见我这么高兴，也很高兴”。而艾妮斯在知道这门亲事后，她的回信是“乐观的，认真的，愉快的”。科波菲尔还补充道：“从那以后，她一直是愉快的。”

虽然小说前三分之二的章节，一直用“恬静”来形容艾妮斯的性格，但从现在开始，用来描述她的词语突然变成“愉快”。来自另外一个女人对科波菲尔的夺爱，使得狄更斯改变了对艾妮斯的描述用词，从“恬静”到“愉快”的转变几乎是数学般的精确。事实上，不久之后当艾妮斯和朵拉在茶会上碰面时，在场的所有人都很快乐，因为“艾妮斯那温柔而愉快的情绪感染着每一个人的心”。茶会结束之后，科波菲尔和艾妮斯走在去往博士家的路上，这里依然使用了“愉快”这个词，而不是“恬静”——“你原来那种愉快的情绪（我从来没看见别人有过），艾妮斯，我今天看得出来，已经完全恢复了，我开始希望你在家里也快活些了”。“我心里是快活些了，”她说道，“我感到非常轻松愉快。”[4]因此，可以毫不夸张地说，小说的情感词汇已经发生了变化。

这些变化说明科波菲尔的情感世界发生了改变，他的处境变化往往通过个性强烈的女性角色（贝西姨奶奶、艾妮斯）反映出来。快乐野心往往通过她们反射到科波菲尔身上，而他自己，没有这些女性在场的时候，似乎没有情绪可言。科波菲尔的快乐是通过行动表现出来的，而不是通过语言描述出来的。在第26章中，他爱上朵拉（他老板的女儿），却被迫离开她，回到刚刚起步的职业生涯，曾一度“情绪低沉”。是女房东克鲁普太太（Mrs. Crupp）救了他。有一天，克鲁普太太来找他要点白兰地治病，看到科波菲尔情绪不振，给他一些建议：“振作起来吧，先生。”她说出一个显而易见的事实，那就是“这涉及一位女士”，如果这位女士不对科波菲尔笑脸相迎，还会有许多人。“你年轻有为，会有人对你笑脸相迎的，科波福尔先生①，你该知道自己的身价呀，先生。”她用那古怪的口音说道。接着她说，有的男人过于精心修饰自己，而有的男人又过于马虎，“这就要看那年轻人原来的性格是怎样形成的了”，但只要“涉及一位女士”，他们的痛苦就开始了。科波菲尔之前的房客，就是在那里自杀了。“我劝你还是振作起来，先生，提起精神来，你该知道自己的身价

① 因为克鲁普太太说话有口音，因此把“科波菲尔”说成“科波福尔”。

呀。”最后她还建议科波菲尔玩九柱戏来分散注意力。

这是小说中的一个重要时刻，也是为数不多的由公正的旁观者来讲述科波菲尔情感状态的时刻。在这一时刻，他像莎士比亚笔下的理查三世一样，似乎失去了快乐。通过克鲁普太太对他处境的描述可以看出，快乐或高昂的情绪，就是这位雄心勃勃的年轻人的性格特质——他这样形容自己的好友汤米·特拉德（呼应了塞缪尔·斯迈尔斯的说法）：“充满自信，显得很高兴……心情愉快。”这种语言超出了科波菲尔自我描述的范围。他可以表现得很高兴，也可以给别人带来欢乐，但他无法说出自己很高兴。正如野心的主题只能在邪恶、虚伪的尤赖亚·希普身上体现一样，快乐也无法在叙述者的自我分析中体现出来。

小说中把科波菲尔的情感状态用语言表达出来的人物，是变得快乐之后的艾妮斯。她填补了男性主体性的空白，代替科波菲尔表达了年轻时的快乐心态。在英格兰竞争激烈的工业社会中，科波菲尔从社会底层成长为一名成功的律师，最后成为一名作家。小说接近尾声时，特拉德与科波菲尔相遇，他惊呼道：“你这么有名了！你真行，科波菲尔！”然而，书中却极少提及为名利而奋斗的过程，以及其中巨大的心理痛苦和强烈的竞争欲望。正如亚历山大·威尔士（Alexander Welsh）所指出的：“叙述者在讲述自己生活的时候，对追求事业成功的部分如此轻描淡写，以至于作为读者，我们都有点儿吃惊，需要不时提醒自己，这是一部关于小说家的小说。”[5]职业竞争乃至斗争的黑暗力量从来没有展现给读者。

小说世界的情感基调只是通过艾妮斯这样的“镜像”人物显露出来——最终是快乐的。

小说中从未明确说明科波菲尔是否快乐，这使得他的好友兼替身汤米·特拉德的地位更加举足轻重。对于只是被暗示或者用行动表现的主人公感情，特拉德用言语表达了出来。通过特拉德，我们得知了美满婚姻的秘诀。在小说的结尾处，科波菲尔来到特拉德在伦敦的家，这时的特拉德已经和索菲幸福地生活在一起了（虽然我们的男主角从未拿到结婚请柬），他正在招待索菲的姐妹们。“与姑娘们相处是件非常愉快的事，科波菲尔。不合乎正轨，但是非常愉快。”“不合乎正轨”，的确如此。科波菲尔追求的是“合乎正轨”（事业上）的成功，因此无法体会特拉德与索菲及其姐妹们在一起的欢乐。几页之后，特拉德透露了婚姻幸福的秘诀：“亲爱的科波菲尔……她在各方面都毫无疑问，是最可爱的姑娘！她料理家务有办法——做事准时、熟悉家务、精打细算、井井有条——她还性情开朗，科波菲尔！”。这种日常美德（做事准时、井井有条）与快乐的情感力量交织在一起，清晰地说明了何为狄更斯式的家务劳动观——这是按照性别精心分配的。这将我们带回本章开头部分塞缪尔·斯迈尔斯关于“快乐工作”的论述。在整部小说中，特拉德的感叹——“她还性情开朗，科波菲尔！”，也许是小说中对快乐的最纯粹的表达，这不仅是在宣布快乐，并且是在传播快乐。

大卫·科波菲尔在故事的开头提出问题“主人公究竟是

我，还是别的什么人”，答案在后文中不言而喻。快乐，对于这位野心勃勃的主人公而言，具有核心的情感和心理价值，这在小说中通过特拉德的声音表达出来——“她还性情开朗，科波菲尔！”在此，特拉德说出了科波菲尔永远不会承认的情感品质，或者说，科波菲尔只能通过对他人行为的描述来表达自己的观点。

在狄更斯的小说中，经济成功是建立在才华和勤奋之上的。科波菲尔之所以能够成功，是因为他天资聪颖、持之以恒，当然也得益于富亲戚姨奶奶所提供的物质支持。狄更斯借用了古老的传奇情节线索——“捡来的”孩子原来是个王子——并通过改编使它适用于19世纪英国新型的资本主义经济社会。在奥斯丁笔下，快乐作为上层资产阶级的美德，体现在约翰·威洛比这个角色身上，并对其进行戏仿；而在狄更斯的小说世界里，快乐无法成为主人公的情感美德，因为赚钱这样令人尴尬的主题对于上层人士来说是不足挂齿的。事实上，正如亚当·斯密提醒我们的那样，“快乐”经济对个人所造成的后果是过度劳累和精疲力竭。因此，快乐必须由其他角色来体现。奥斯丁已经谈到，快乐这种性格特质是可以伪装的，成为一种在小群体中传播的表面价值，并以欺骗的形式存在。在《大卫·科波菲尔》中，快乐不仅是忧郁的反面，也是贯穿整部小说的最核心、最积极的力量源泉。但它却不能由书中最快乐的角色，即叙述者自己口中说出。因此，狄更斯将快乐置于艾妮斯的快乐面容之中，古米治太太从忧郁到快乐的转变之中，以及汤米·特拉德关于找到理想伴侣的婚约秘诀之中。

然而，如果快乐由逆境中滋生而出，如果爱和野心与科波菲尔沉默的快乐形影不离，那么在小说的最后部分，我们终于看到他“变得”快乐，这不是一个富有野心的作家的快乐，而是一个爱人的快乐。在朵拉死后，科波菲尔回去拜访姨奶奶，当被问及文学创作的艰辛与收获时（“准是能实现理想，受到称赞，得到同情，还有许多别的好处，是不是？好啦，你走吧！”），他反而答非所问地提到了艾妮斯，他听说艾妮斯爱上了另外一个男人。当得知消息为真时，我们看到整个小说中非常罕见的情形出现了：科波菲尔似乎完全不知所措、困惑迷茫。他好不容易才缓过神来，明白现在应该表现出什么样的情绪，但是这对于他来说太难了——“于是我就拿出更大的决心，让她看到我脸上非常愉快的表情”。随后他便得知艾妮斯要结婚了，于是拿出更大的决心——“‘愿上帝保佑她！’我愉快地说道。”此时的科波菲尔更像是约翰·威洛比，只是比威洛比更值得同情——他在即将来临的灾难面前，仍在努力显得快乐。说完之后，科波菲尔出发去找艾妮斯。只有此刻，在天塌地陷之前，他才能对她“直说”自己的想法。和姨奶奶的谈话让他明白了自己面临的风险。此时此刻，“快乐”是面对危机时的预期反应。然而，科波菲尔表现出的并不是一个被抛弃的情人的快乐，而是发出声音，表达自己内心真正的渴望。他并没有像克鲁普太太所建议的那样，只是简单地振作起来，而是向那个同样爱着自己的人表明心迹。从这幸福的时刻开始，他可以愉快地回忆自己的生活了。

在《大卫·科波菲尔》中，快乐是小群体生活中的黏合剂。奥斯丁将快乐投射到其与时间的关系中，使之成为女性行为的理想标杆。狄更斯面临的问题：在其他社会群体闯入（富有的斯蒂福兹对艾米丽的引诱），或者在职业化的资产阶级自身能量（科波菲尔作为著名的大律师）的影响之下，小群体是如何建立，又是如何分裂的？狄更斯写出了许多小群体内人们的生活，有的混杂在一起，有的甚至互相敌对，他们共同生活在一个充满变化甚至暴力的世界中。休谟曾经说过，快乐可以使人拥有共同的体验，快乐像火焰一样在房间里飞驰，触动眼前的每一个人。与休谟相比，狄更斯笔下的群体则更为复杂，这些小群体生活在压力之下。古米治太太从一个闷闷不乐爱抱怨的人，变成一个快乐的帮手，从中可以看出快乐与群体之间的关系。其他小群体如裴果提先生的船屋，里面居住着淳朴的下层社会人民，象征着男主角儿童时期的社会环境和情感机制，当它遭受威胁时，忧郁和懒惰就会转变为快乐和勤奋。在叙事主线中，这个形象得到了继续深化和扩展：当艾妮斯从开始的“恬静”转变为日常的“愉快”时，这说明男主角的情感生活也经历了同样的变化。艾妮斯不再仅仅见证那些身处危机之中的人物如何经历情感挣扎（如奥斯丁笔下的埃莉诺·达什伍德观察着威洛比和玛丽安），而是通过承担见证者这一角色，成为科波菲尔自我定义中的一股关键力量。看起来，野心和快乐是可以共存的，但需要一个起到调和作用的人物，这个人物不能是野心勃勃的男主角。

“快乐的投影”

如果将狄更斯的快乐观与另外一个美国版白手起家的故事放在一起，将会更有启迪意义。这是霍雷肖·阿尔杰（Horatio Alger）于1868年出版的小说《衣衫褴褛的迪克——纽约的街头生活》（*Ragged Dick, or Street Life in New York with the Boot-Blacks*）。与《大卫·科波菲尔》一样，这本小说的主角也是一位野心勃勃的男人，虽然它的文学性和广度都略逊于前者。然而，同羞于讨论金钱和职场斗争等尴尬话题的狄更斯不同，阿尔杰在自己的书中直接面对这些问题，只是他解决社会和经济不平等问题的方式近乎寓言：出身优越的富人慷慨地拯救了诚实的穷人。

衣衫褴褛的迪克第一次出场，是在纽约的大街上，他面对的又将是艰难的一天。一位搬运工把他从睡梦中叫醒，问他有没有偷过什么东西。“从没有过，我不会偷东西的。很多男孩子都偷过，不过我不会的。”①迪克说。“不管怎么说，我认为你是个不错的孩子，迪克。”搬运工回答。[6]迪克的故事开始了。而搬运工的最后一句话却发人深思——“不管怎么说”。我们或许会问“怎么”是指什么？难道迪克做过什么事情让搬运工怀疑迪克不是个好孩子吗？事实上，迪克的

① 译文选自《衣衫褴褛的迪克》（张璘译），中国广播电视出版社，2010。

“错”，当然只是生而贫穷。

在《大卫·科波菲尔》中，贫困与挣扎是作恶的结果（如主人公的继父），而在阿尔杰的小说中，社会等级也是道德等级。“不管怎么说”，社会底层的人一定做过一些事情，才能解释他们为什么受苦。在这个道德经济体系中，我们可以再次问出在本章开头提到的问题：对于野心勃勃跨越社会阶层的男性而言，快乐在哪里？迪克不偷东西的原因并不是他不需要偷东西，而是因为不偷东西确立了他对周围人的道德优越感。他的诚实表明他配得上成功，与周围的那群孩子截然不同。

然而，把迪克写成一个“诚实的”人，这给小说家带来了一个问题。同狄更斯的世界一样，阿尔杰小说中的世界也充满了社会流动性，其中的人物也会经历起起落落。诚实的人往往安于自己的事情和位置。如果仅有诚实这一特质，那么他在企业家经济秩序中并无位置可言。因此，迪克必须拥有其他卓尔不群的特质。

迪克靠的是机智，这一点从大衣逸事中就可以看出。科波菲尔在逃离继父去投奔贝西姨奶奶的途中，遭遇了抢劫，身上不名一文。为了换取食物，他把外套也卖掉了。就这样，他一无所有，等待着姨奶奶的救赎。相比之下，在阿尔杰小说的开头部分，我们看到小擦鞋匠迪克早上起来穿好衣服，走上街招徕顾客。他在街上拦住一位富裕的绅士，对方开始打趣他褴褛的大衣。迪克开玩笑说，这件大衣之所以破成这样，是因为它曾经属于乔治·华盛顿：“他去世前，要他老婆把这件大衣送给某个没大衣的机灵鬼儿，于是她就给了我。”在此，迪克宣称自己具有高贵的美国血统，其标志不是真正的血统或出身，而是自己的破衣烂衫，它具有超越时间的价值。接着，他说自己的裤子曾经属于拿破仑，拿破仑穿不上了（我们推测是拿破仑长高了），就把它送给了自己。因此在阿尔杰的小说中，迪克在社会关系中的强项并不是诚实的品质，而是语言能力。确切地说，他与作家科波菲尔一样，在语言表达上的游刃有余，这让他与众不同。机智令迪克能够与顾客和贵人们沟通，让他们看到褴褛衣衫下的他的乐观精神。在一本极其关注外表的小说中（第一个主要情节就是迪克如何得到新衣服），语言让主角脱颖而出。这并不是简单的语言，而是具有双重含义和讽刺意味的语言。

在小说中，迪克对自己处境的冷嘲热讽随处可见，但在他接受考验的时候出现得最多——同狄更斯的小说一样，这也是产生快乐的时刻。迪克的第一个机会是慈祥的格雷森先生（Mr. Greyson）给的，格雷森先生带他去礼拜学校，不料在路上被小恶霸米奇·麦奎尔（Micky Maguire）袭击了。在阿尔杰的小说中，麦奎尔代表着生活在底层的主角所经受的最大的压力，即从众的压力。白手起家，不仅意味着物质水平的提高（通过工作和节俭），而且意味着要有脱离自己所在的群体及成规的心理力量。麦奎尔对迪克的诚实和成功嗤之以鼻，他认为迪克开始穿好衣服，学习识字，不过是在“摆架子”。在第一次去礼拜学校的路上［迪克在学校里也遇到了可爱的艾达（Ida），小说中潜在的爱情线索］，麦奎尔冲迪克扔了一块石头。迪克立即转身追上去，不出所料，麦奎尔被路上的鹅卵石绊倒了。迪克质问他时，麦奎尔哀号说自己的胳膊都快断了。迪克回答："要是断了的话，你就不能再扔石头打人了，这可是个令人振奋的想法。"迪克离开时，麦奎尔愠怒地说："我不想听你的什么好想法。"但从这时起，"令人振奋的想法"这个表达在小说中多次出现。几页之后，迪克鼓励他的朋友福斯迪克（Fosdick）继续寻找有报酬的工作，并预言他将改变自己的命运，"这也是一个很令人振奋的想法呢"。在下一页，当福斯迪克的竞争对手说迪克"厚颜无耻"时，迪克又重复了这句话。

在此，我们看到当一个野心勃勃的小说男主角缺乏配角来反映自己的快乐时，会发生什么。对于科波菲尔而言，特拉德和艾妮斯是他的配角。科波菲尔无法说出自己的快乐，当他回顾自己的人生时，也不能评价自己的快乐，而特拉德和艾妮斯则代替他做出了对其快乐的道德评价。相比之下，衣衫褴褛的迪克只能靠自己，因此，他只能自己表达快乐。然而，他的快乐表达总带有一丝嘲讽和风趣。每一次他遭遇危机时，都会宣称这反而会带来"快乐"。通过这种方式，他表达出与众不同的本性。在阿尔杰的小说中，除了吹嘘自己的诚实，迪克能够实现社会阶层跨越并不是因为自己的快乐，而是因为能够在关键时刻运用快乐的语言。他使用快乐的语言游刃有余，并能够以己之矛攻己之盾。在阿尔杰的小说中，快乐是韧性的标志，它不是自我力量的表现，而是在无能为力之时，脱口而出的词语。迪克也因此摆脱了挣扎和悲剧色彩。在迪克的身上，看不到社会下层人物试图实现社会地位提升时承受的显而易见的痛苦，相反，我们看到的是蒙田或莎士比亚笔下提修斯式的无忧无虑，以及性情温和的贵族对自己地位的心满意足。在阿尔杰的世界中，“快乐”是一个神奇的词语，与书中其他词语不同，它并不关乎社会不平等或苦难。在此，对快乐的嘲讽被视为快乐。对于手无寸铁的人们而言，快乐是他们的武器；对于无权无势的人们而言，快乐是他们的力量。

无论是对于狄更斯还是阿尔杰来说，快乐都与语言相关。在狄更斯的小说中，野心勃勃的主人公可以快乐地行动，却无法表达自己的快乐。而在阿尔杰的美国版科波菲尔故事中，对于可怜的主人公而言，虽然残酷的生活中少有快乐，但是至少可以嘴上说说。衣衫褴褛的迪克只有在面对威胁或侮辱时，才能嘲讽地说出“快乐”这个词。因此，“快乐”既标志着道德力量的获得，又意味着社会权力的丧失。迪克的快乐表达既是表演，又是在宣称：“我是坚强的。”

也许在这里，我们看到了“能屈能伸”精神的另一个版本——简·奥斯丁的哥哥曾经提起，《自助》的作者塞缪尔·斯迈尔斯对此也表示赞同。斯迈尔斯建议我们在劳动间隙，与其苦苦等待成功，不如用快乐和“耐心”来填充；而在狄更斯的作品中，这一精神通过不同的谈话场景表现出来，那些闷闷不乐或心如止水的人物，必须通过各种挣扎得到快乐。阿尔杰的小说中并没有那么多角色，但主人公也在逆境中挣扎。然而，他并没有像骗子或伪装的政客那样，把快乐当作欺骗的武器；相反，他使用这个词语时总是带着嘲讽，以示自己与众不同。

以上对狄更斯和阿尔杰的讨论表明，男性的社会野心与快乐之间的关系是不自然的、不舒服的。资产阶级文化对男性化的快乐感到不适，正如我们在奥斯丁笔下的约翰·威洛比身上所看到的，在贵族体制之下，男性的快乐是捉摸不定的。在资本主义不断扩张的社会中，企业家和乐于助人的商人随时可能创造财富或失去财富，快乐之于野心是一种特权。然而，关于男性野心的小说，作为塑造新世界中现代性的虚构文学形式，似乎不能确定如何表现快乐。因此，它将快乐与语言和自我表达等问题联系起来。在这些男作家的叙事中，快乐是野心勃勃的男人独具的品质。然而，它仍然是不被提及，甚至不可言说的特质。在这些故事中，快乐已经从群体经验迁徙到个人主体的空间中，作为一种“性格特质”，将主人公与其他角色区分开来。由于快乐涉及权力，所以将快乐与野心联系起来有可能将其变成一种商品——一种可供流通并被尴尬展示的东西。

然而，正如我们稍后会看到的，快乐的商品化直到20世纪才完全实现，与之对抗的是另一种文学和文化话语，这种话语将快乐置于自我和社会之外，置于自然力量之下。如果社会不能产生健康的快乐，也许大自然可以。

试图找到并描述一种存在于社会秩序之外的快乐，这样的“后卫式”尝试在文学史上有着深刻的渊源，其中以抒情诗歌传统最为显著，这也是我们在下一章将会探讨的话题。

正如我们将会看到的，从早期的后古典主义欧洲抒情诗开始，快乐使得诗人将自然的治愈力量理论化了。然而，随着我们进入现代社会，诗歌、自然与快乐的关系发生了变化。我们在狄更斯和阿尔杰的小说中看到的野心与快乐之间具有讽刺意味的不适关系，在抒情传统中变成困惑和愚蠢的根源。

第九章

快乐之歌与自然之乐：弥尔顿与华兹华斯

自然：快乐之源

本书的前几章研究了快乐的社会维度，正如在上一章中所见，快乐总是与语言以及自我的呈现或再现相关。然而，在一个以社会冲突和竞争为特征的社会中，社会群体有可能使快乐失去真实性和健康的力量。无论你是否野心勃勃，伪装的快乐都不是真正的快乐。当然，社会期望在剥离个体的正直感的过程中发挥的作用，是 19 世纪西方写作的一大主题。其中，美国哲学家拉尔夫·瓦尔多·爱默生（Ralph Waldo Emerson）尤其擅长将快乐与身体体验相联系，对此我们将在下一章中详细讨论。爱默生在《自立》（*Self-Reliance*）的开篇部分感慨道“社会是一家股份公司”①，在这个公司里，为了成功，人们用美德换取顺从。[1]他们按照“世人的观点”生活，这不仅需要智力平庸，还需要千人一面：

① 相关译文均选自《自立》（蒲隆译），中国人民大学出版社，2014。

特别是有一种禁欲修行的经历，它也成功地在一般历史中大显身手，我指的是“那颂扬的蠢脸”，那强装的笑容，那是我们在跟人相处，在我们毫不感兴趣的谈话中搭讪时装出来的。肌肉不是自然地活动，而是由一种低劣不堪、专横跋扈的力量拨弄，紧紧地绷在脸的轮廓上，心里实在不是滋味。

在此，爱默生并未特指那些“不真诚”的人（比如狄更斯笔下的尤赖亚·希普，或者奥斯丁笔下的约翰·威洛比），而是指任何一个生活在讲究礼貌和社会竞争的世界里的人。虚伪的表情是“一般历史”。在同一篇文章中，爱默生说，我们迫于压力会“在所有的事情上都弄虚作假”。爱默生与斯达尔夫人的说法恰恰相反，斯达尔夫人在谈到贵族式机趣时曾说过，脸上的笑容能让灵魂变得轻松起来；而在爱默生看来，一张愚蠢的笑脸只会令其主人看起来消化不良。

如果爱默生的意思是在现代社会关系中，已经无法找到快乐的力量，那么他与同时代的人试图从别处寻找快乐之源，也就不足为奇了。他们在大自然中为敏感的自我寻找快乐之源。当然，当我们谈到自然的快乐时，我们触及了快乐的一个基本方面：最深处的生存本能。我们与大自然接触的每一个时刻，快乐似乎都在为我们注入活力。从可怕的暗夜回到黎明，从无尽凛冬的饥寒中得以解脱——这是重生的时刻，也是生命和丰饶回归的时刻——习惯性地被艺术作品描述为快乐的时刻，也是精神振奋的时刻。快乐在自然之中、天堂之上、鸟儿的歌声里。

当作家们回应19世纪欧美社会中的资产阶级关于自我的问题时，他们所拥有的文化资源根植于现代欧洲文化的源头，其中之一为抒情诗传统。这一章将溯源现代欧洲抒情诗中自然与快乐的关系。这将使我们在本章的最后一节中，发现现代经济生活对快乐的诗意表现所带来的压力。显然，要全面研究快乐精神在抒情诗中的再现已超出本书的能力范围，然而，我们可以研究诗意的快乐及其作用：诗意的快乐在哪里？它有何作用？在下文的分析中，我们将会发现，当人类世界中的暴力与自然节奏之间出现对比时，往往会出现诗意的快乐。而快乐（或欢乐）的情感如此温和，因此造就了高产的诗人。诗人在自然中感到的狂喜，令自己置身于崇高的境界中，并被束缚。此外，诗人与自然之间还存在一种迥然不同的忧郁的关系——美学家自我隔离的禁锢。欢乐的力量尽管有限，但生机勃发，为诗人提供了有效的能量场，在此诗人可以探索人与事的种种变化。快乐可以唤醒万物。[2]

我们从12世纪的一首诗开始讲起，那是欧洲现代文化的开端。游吟诗人贝尔纳·德·旺塔杜尔（Bernard de Ventadour）在一首诗中赞颂春天的到来。他指出，崭新的季节带来了五颜六色的花朵，这会鼓舞情人们纵情欢唱，正如他在美丽的普罗旺斯歌谣中所唱——“我在快乐地歌唱”（tuih amador/son gai et chantador）。不幸的是，他的女人和爱已经背叛了他，他的“快乐”已经失去了滋味——“她不在乎我”（un jois no m’a sabor.）[3]。至少在贝尔纳这里，快乐因人类的软弱而褪色。

关于快乐、自然、诗歌在西方抒情诗传统中的密切关系，贝尔纳的歌谣为我们提供了一个早期版本。一个世纪之后，意大利诗人圭多·卡瓦尔坎蒂（Guido Cavalcanti）写了一首同样主题的诗歌，其中出现了一朵春天的玫瑰，“刚刚绽放的玫瑰”（fresca rosa novella），后来这朵玫瑰变为一个姑娘，诗人“欢快地”为她唱起了“快乐之歌”（gaiamente cantando）：

> 蓓蕾初开的玫瑰
> 美丽的春天
> 在草地上，在河岸上
> 欢乐地歌唱
> 我要向自然宣告你的宝贵。
> 让你的宝贵
> 在每一个过路的
> 男人和男孩的眼中
> 与日俱新
> 让鸟儿歌唱
> 燕语莺啼
> 在黎明和黄昏
> 在绿色的灌木丛
> 让全世界歌唱——
> 因为季节已到

这是该做的事——

歌唱你的高贵

因为你是天使。[4]

这个场景的独特之处在于，它非常适合用以探索诗歌与自然、艺术创作与自然节奏之间的关系。诗歌是快乐的，自然也是快乐的。快乐的自然在每年的春天重现，激发快乐的诗歌。诗人从自然的欢乐中得到灵感，写出诗句。卡瓦尔坎蒂认为欢乐无处不在，在诗中，开始是歌唱和描述玫瑰，之后用了一个短语“欢乐地歌唱”，暗示玫瑰在欢乐地歌唱，然后在第一诗节最后一行表明，事实上唱歌的人是他，而不是玫瑰。他之所以唱出这首歌，只是为了回馈自然，同时赞美姑娘，因为歌声来自自然。在第二诗节中，他指出快乐的歌声无处不在，人类和鸟类都沐浴在自然的歌声之中。

文艺复兴时期，贝尔纳和圭多作品中提到的自然之乐和自然之歌已成为陈词滥调。自然具有的欢乐意象对于某种诗歌话语而言成为必需品，并且需要不断推陈出新。这样的例子还有很多：在法国小学生必背的十四行诗中，16世纪的诗人皮埃尔·德·龙萨（Pierre de Ronsard）催促他那纯朴且慵懒的情人玛丽（Marie）起床，来迎接云雀的歌声——：“宝贝，快起床，你这小懒虫。”①这时的云雀已经在向天空唱情

① 原文为“Mignonne，levés–vous，vous estes paresseuse”。

歌了。在随后的一首诗中，他赞扬了四月的“快乐与新鲜”（gaye et verte nouveaulté），即四月的“新绿”。与他同时代的莫里斯·塞夫（Maurice Scève）称赞春天带来了“欢快的绿色”。在英吉利海峡的另一边，埃德蒙·斯宾塞（Edmund Spenser）在赞扬新年的到来，称它将唤醒一直在“沉闷的卧室里”沉睡的爱情。大约五十年后，宗教诗人亨利·沃恩（Henry Vaughan）写了一首名为《快乐》的诗，他在诗中赞美上帝赐予自己的轻快：“主啊，你的呼吸让我飞翔，让我无论做什么，都带着勇气和快乐！”沃恩在诗中歌颂太阳的光芒——在古老的游吟诗人心中，阳光是快乐的意象——这是上帝与人同在的标志，因此他可以“每晚都得以安眠”。一个世纪后，在托马斯·格雷（Thomas Gray）的作品中，还可以见到这样的意象，格雷在诗中赞美微笑的清晨：“飞快地带来快乐，这快乐还会不断焕发新生。”[5]

同样重要的是，同一个意象反过来可以表示失去的充盈。14世纪意大利诗人彼特拉克（Petrarch）在诗中说，一只秋天的鸟儿在哀叹逝去的春天那“快乐的月份”（mesi gai）。威廉·莎士比亚抱怨说，当他的爱人离开时，感觉就像是冬天——“连小鸟也停止了唱歌；或者，即使它们唱，声调那么沉，树叶全变灰了，生怕冬天降临”[①]。伊丽莎白时代的诗人菲利普·锡德尼（Philip Sidney）用一种略带滑稽的方式来赞美爱人斯黛拉（Stella）的眼睛，称这双眼睛像太阳一样温

① 译文选自《莎士比亚全集》（朱生豪等译），人民文学出版社，1995。

暖了每一天的生活——“最新鲜的快乐”——直到温度越来越高，把他烤焦。很久以后，20世纪中叶，美国诗人伊丽莎白·毕肖普（Elizabeth Bishop）在其著名的诗歌《海湾》（*The Bight*）中，用现代手法重新处理了同一个意象，这一次是将创造和毁灭相融合。她在诗中描写了海洋侵蚀码头的自然节奏，提到港口的声音和颜色、海浪的翻滚声、腐烂木材的吱吱声，这些都创造了一种节奏，生机中混杂着腐朽与重生。这首诗的最后一句令人难忘：“所有肮脏的活动继续着，糟透了又兴冲冲。[①]”[6]无论是创造还是毁灭，快乐总在变化之中。

鸟儿、阳光、自然节奏、春天：所有这些都能带来快乐，快乐之歌也由此而来。然而，由于快乐的春天和快乐之歌的关系总是与大自然的循环往复联系在一起的，所以总会有下一个春天出现，大自然振奋人心的作用对于那些只想关注历史而不是自然的作家同样有效，因为破坏自然之乐的，往往是人类的行为。贝尔纳·德·旺塔杜尔说他的女人背叛了他，他失去了快乐，他也在暗示着同样的观点。各种突发的人类行为破坏了自然春天生生不息的欢乐。太阳每次升起，似乎都带给我们永恒的力量，却被人类的行为打断了。因为快乐与自然节奏相关，这似乎将我们置于一个免受人类干预的世界中。人类行为却在不断介入，最终酿成悲剧。

① 译文选自伊丽莎白·毕肖普著《唯有孤独恒常如新》（包慧怡译），湖南文艺出版社，2019。

伊甸园的烦恼

自然的快乐在每个春天甚至每个黎明都会重现，而人类的历史则由独特的偶发事件所构建，这两者之间的张力在约翰·弥尔顿（John Milton）的笔下最令人信服。弥尔顿指出了人性和某种未堕落的天性之间的必要关系，即使他说得很清楚，但人类这样的身份意味着不可能永远没有问题或和谐，因此，史诗《失乐园》（*Paradise Lost*）中的意象和行动中充满着弥尔顿对快乐、自然和历史的思考，也就不足为奇了。在史诗的开头部分，弥尔顿使用了一个史诗明喻（epic simile）：聚集在撒旦周围的爪牙，就像“乌云，遮住天空晴朗的面容”①。与快乐的治愈形成反讽逆转的是，当太阳驱散乌云，“田野复活盎然生气，百鸟啭出新歌，咩咩的羊群也表示他们的欢喜，一片欢声响遍了山和谷”，他们“都为他们无敌的首领而欢喜”。[7]快乐因恶劣天气而失色，然后在自然循环中重现，尽管此处的快乐出现在宇宙大战中错误的一方。弥尔顿接着提到当时欧洲宗教战争中的人类纷争，他指出，古老的恶魔们比与自己同时代的人更团结。

当然，弥尔顿是用堕落世界的语言来描述堕落之前的行为。在我们与自然的关系即将改变的那一瞬间，当我们面对的是堕落后的生活，在一个“天空晴朗的面容”已经成为隐喻的世界里，他转向了“快乐的太阳”这个隐喻。换言之，

① 相关译文均选自《失乐园》（朱维之译），人民文学出版社，2019。

撒旦做工之后，“快乐的太阳”将与之前大不相同。从这一刻起，自然的快乐将要代替那失去的充盈。

对于弥尔顿而言，快乐的失去不仅具有神学意义，而且是自传性的。在后面的诗文中，弥尔顿将用于自然危机的创作手法也运用到自己身上。他悲叹自己的失明，痛苦地呼喊着：

一年四季不停轮转，
但白昼总轮不到我，
…… ……
只有阴云和无穷的黑暗包围着我。
人世间享乐的一切渠道都断绝了。

（第 3 卷，第 47—50 行）

早期快乐的自然意象，在即将消失时重现于快乐之人的意象中，对于弥尔顿而言，快乐已遥不可及，在最后一句中，弥尔顿用“断绝”一词来表示其中的粗暴生硬。快乐的陪伴如白日或春天回归一样令人期待，但对于生活在黑暗和孤独中的弥尔顿而言却并非如此。

在此，弥尔顿说出了许多人的心声：那些生活在一成不变之中的人，那些经历慢性痛苦的人，那些伤痛永远无法愈合的人。自然或许自有它的节奏，但对于弥尔顿这样的人而言，自然节奏并不能带来快乐，甚至它是对苦难的嘲讽，因为在他们的生活中，日子是一成不变的。相比之下，撒旦第一次看到的世界奇景是在“欢快的破晓时分”，到达“一个高耸的山崖顶上”（第3卷，第545—547行）。

可以预见的是，在弥尔顿笔下，亚当和夏娃与快乐的关系最为密切的时候，让我们想到前面章节中提到的莎士比亚式的悲剧性快乐。在《失乐园》第5卷的抒情段落中，夏娃从梦中醒来，在梦中她品尝了智慧之果。亚当纠正并提醒她，邪恶的想法有时可能会来而又去，“不会留下半点的罪污”。然后，亚当鼓励夏娃振奋精神，这使我们想起将自然与清晨联系起来的人物，以及伊拉斯谟的说法——“安详的”眼眉是最好的面容。“因此你不要灰心，不要脸带愁云，应该比那美丽的晨光更加兴高采烈，笑容满面地迎接世界的新事物。”（第5卷，第122—124行）这里提到的“晨光”之微笑不失为一种美妙的讽刺，彼时我们正处在一个人类命运即将改变的风口浪尖，失明的弥尔顿从未见过这样的微笑，但在他的笔下，夏娃的快乐胜过自然之乐。事实上，在人类堕落之前，生活的一个必备条件也许是快乐天性并没有什么必要，因为那时的人类原本就是快乐的。

在此，我们看到了人类历史上第一个关于社会性快乐的叙事，也是人类历史上第一次，有一个人告诉另外一个人要“振作起来”。夏娃确实也振作起来了——“他这样安慰了他的佳偶，她心情舒畅了”（第5卷，第129行）。然而，问题是亚当鼓励对方振作起来，却导致了后来更大的错误。夏娃在亚当的“鼓励”之下重新找回的“快乐”是假的。本该在得到修复之后振作起来，她却流了一滴眼泪，说明错误并没有得到修复。正如埃丝特·余（Esther Yu）所言，亚当似乎无法接受伊甸园的生活节奏，他太急躁了。为了让夏娃高兴起来，他“欺骗自己的良心，相信一切得以修复，却削弱了撒旦之梦本应发挥的警示力量”[8]。亚当希望经历噩梦之后，一切尽快恢复正常，事实上，噩梦只是预示着他们后来真正的堕落。亚当吻去夏娃的眼泪，“一切疑惧消散，便相将奔赴田间”（第5卷，第136行）。

我们看到夏娃“舒畅”了，疑惧“消散”了，一切似乎都恢复了正常。当然事实远非如此。“舒畅”（cheer）和“消散”（clear）两个英语词汇拼写如此相近，应当使我们警觉，伊甸园内的情形并不太好。亚当的条件反射般的鼓励恰恰是最不该做的事情，因为他完全错误地解读了当时的情况，而去盲目地恢复快乐的状态。莎士比亚剧中的伶后将丈夫失去快乐视为一个危险信号，而亚当自信地让夏娃振作起来，却是一个灾难性的错误。在此，快乐的解读是错误的解读。弥尔顿提醒我们，用“快乐”代偿失望时，往往会将我们引入歧途。[9]

弥尔顿把历史偶然性引入快乐的自然史。传统观点将自然视为治愈的力量，快乐阅读是不适和怀疑的代偿手段，而弥尔顿则颠覆了这种观点。《失乐园》第5卷中，弥尔顿对于快乐的反讽表明：快乐根植于误读之中。快乐既是人类堕落之前“自然”满足的名字，又是这样的满足必将失败的标志。

代偿性快乐

尽管如上文所述，亚当和夏娃关于梦的解读导致后来的不幸，弥尔顿在其他作品中却明确表明，快乐对于群体认同的重要性。在弥尔顿关于审查制度和思想自由的论文《论出版自由》（*Areopagitica*）的最后几节中，他高度赞扬了快乐，但重新定义了快乐作为情感力量的功效。弥尔顿将快乐定义为英国人的特点，并将自由与英国人的快乐天性联系在一起。他宣称，正是英国人的“轻快”（alacrity）使他们有别于其他国家的人。新闻自由是“我们幸福的成功和胜利的欢快预兆”，以及“人民快乐”的标志，是为了保卫自己国民的自由和安全而出现的。[10]

通过为快乐的英国人辩护，弥尔顿将一个具有神学色彩的自然隐喻变为一个具有民族性格的人物形象。与蒙田笔下的巴西食人族不同，他们的快乐只出现在濒临死亡的那一刻，其作用是将潜在的悲剧转化为殉道和胜利，弥尔顿笔下快乐的英国人将通过政治胜利而获取生活中的胜利。弥尔顿的表述使得追溯其快乐源头变得很困难。对于游吟诗人而言，他们的快乐来自自然。而英国人的快乐似乎来自某种固有的民族性格与印刷术横空出世的偶然碰撞，那么，英国人是因为可以自由写作而快乐吗？还是因为他们即将胜利？他们的快乐是来自胜利吗，还是反过来，他们的胜利来自快乐？

在弥尔顿的追随者之中，威廉·华兹华斯（William Wordsworth）的文学成就最高，他在作品中再现并改造了弥尔顿快乐理念中的民族维度。华兹华斯将我们带回到19世纪，我们可以看到早期抒情诗中的快乐在华兹华斯笔下的拓展。弥尔顿对华兹华斯的影响是显而易见的。在十四行诗《伦敦，1802年》（“London, 1802”）中，华兹华斯向弥尔顿抱怨英国的腐败：“英国需要你！”①在诗中，英国失去了它的精神内涵（“内心安恬”），变得汲汲营营，英国人可能会变成贪得无厌的商人和小气狭隘的暴君，如爱默生所言“由一种低劣不堪、专横跋扈的力量拨弄”，脸上挂着假笑。华兹华斯称赞弥尔顿的声音（“像壮阔雄浑的大海”），并在结尾处赞颂他的人生旅程：“你在人生的寻常路途上行进，怀着愉悦的虔诚；你的心也肯把最为低下的职责引为己任。”[11]对于华兹华斯来说，弥尔顿的天赋在于他可以将敬虔与谦卑融为一体——“怀着愉悦的虔诚”。他的敬虔与《圣经》评注者伊拉斯谟、胡克等人所说的团契并无二致，然而，他仍然谦卑地承担起“最为低下的职责”，在此可以理解为英国的政治斗争。弥尔顿作为一个神学诗人、政治思想家、自然和人类历史的游吟诗人，现在似乎也需要他的声音。

在华兹华斯的世界里，对“愉悦的虔诚”的追求，将我们带回到了人与自然的关系中，这一主题可见于《廷腾寺》②

---

① 本书中引用的华兹华斯诗歌，均选自《杨德豫译诗集：华兹华斯诗选》，外语教学与研究出版社，2004。诗歌中的人名均尊重杨德豫先生的译法。

② 原诗题目较长，全名为《旅途中重游瓦伊河两岸，作于廷腾寺上游数里处》。

（*Lines Written a Few Miles Above Tintern Abbey*），该诗可以说是华兹华斯最著名的抒情诗，收录于1800年出版的《抒情歌谣集》（*Lyrical Ballads*）。从城市生活的角度来看，华兹华斯描述的是回归自然美景的时刻，继而引发诗人对自己青春岁月的回忆。华兹华斯与妹妹多萝西（Dorothy）同游瓦伊河（Wye），看到波涛拍岸，让他想起旧年时光，“像一头小鹿奔跃于峰岭之间”[12]（第69行）。这一刻情感的强烈程度，不仅让诗人想起了过去的经历，也指出了未来的方向——“此时此刻……储备了未来岁月的活力和滋养”。（第64—65行）是自然的力量“引导我们，在悠悠一生岁月里，从欢乐走向欢乐”（第125—126行）。愉悦和“欢乐”的情感会随着时间的推移而延续，因为自然可以“让安恬与美沁入我们的心脾，用崇高信念把我们哺育滋养”（第127—129行）。随着诗人日渐成熟，他开始把自然看作比固定的地点更伟大的存在，在那里他可以听到“低沉而又悲怆的人生乐曲”，这是一种“庄严的感觉”（第92—95行）。“寓于人类的心灵，仿佛是一种动力，一种精神，在宇宙万物中运行不息，推动着一切思维的主体、思维的对象和谐地运转。”（第101—103行）当诗人在钟爱的山间漫步时，这种“精神”正是他信念的依托和“全部精神生活”的灵魂（第112行）。

50年前，埃德蒙·伯克（Edmund Burke）在《关于我们崇高与美观念之根源的哲学探讨》（*Philosophical Inquiry into the Origin of Our Ideas of the Sublime and Beautiful*）中指出，快乐不在崇高的范畴之内，除了红色，“欢快的颜色”也并不

能让人产生崇高的感觉。[13]而在华兹华斯看来，快乐是崇高的产物。在《廷腾寺》中，妹妹的声音加剧了情感的浓度，正是妹妹的存在及其声音，使他与自己的过去联系在一起——“从你的声音，我又听到了往日心灵的语言”（第118行）。他在妹妹的身上，听见了自己的过去。这一刻，通过声音实现了精神相通，多萝西变为早年的华兹华斯。正是在这个与“亲人”和自然融为一体的时刻，神性显现出来了，因此：

> 世人的飞短流长，无稽的指责，
> 自私之徒的嘲讽，伪善的寒暄，
> 无聊的交往，都不能使我们就范，
> 也不能干扰我们怡然的信念——
> 宇宙万物，无一不仰沐天恩。（第 129—135 行）

当自然与人类——过去、现在、未来——汇聚于“快乐的信仰”时，这一刻会感受到崇高。正是这一刻让华兹华斯相信，祝福就在身边，也在前方。诗人和妹妹正在共同经历这一时刻的崇高体验。

快乐成为一种载体，使得瞬间的崇高体验可以与时间重新联系起来。因为快乐受到未来的影响，使得华兹华斯和妹妹对于未来的“信念”发生变化。华兹华斯借用游吟诗人的传统，将其中快乐自然的文学意象通过时间投射为信仰的客体，从而提供道德建议。所有的快乐都与对未来的丝丝信仰相关，快乐存在于下一刻的轻快之中。此处的信仰并非神学维度的“信仰”，而是“快乐信仰”，即在时间流逝之中对于自然美的恩惠之信仰。在抒情诗传统中，自然循环往复，每一个清晨或每一个春天，现在进入诗歌意识的叙事，将时间和历史重新演绎为一个祝福的故事。虽然人类的行为往往会破坏自然之乐，但快乐会带着祝福回归，成为未来的记忆。

华兹华斯在田园诗《迈克尔》(*Michael*) 中，再次运用了快乐自然的理念，只是该诗的背景涉及经济竞争和工业发展，这也是狄更斯和阿尔杰作品中常见的社会历史背景。《迈克尔》是华兹华斯与塞缪尔·柯勒律治（Samuel Coleridge）共同出版的《抒情歌谣集》扩充版中的最后一首诗，对于华兹华斯而言，这首诗很重要，因为它呈现的情感深度来自最纯朴、最贫穷的人。在诗中，迈克尔的故事是由一位匿名叙述者讲述的，这位叙述者大概就是华兹华斯本人，因为他说自己那时是个孩子，不喜欢念书，“而由于自然景物的温柔感染，已经体会到造化的神奇力量”（第29—30行），并被引导着去探索自身之外别人的悲欢。[14]

同《失乐园》一样，《迈克尔》也讲述了一个失去恩慈的故事，并与《圣经》故事中亚伯拉罕（Abraham）用以撒（Isaac）献祭互文。[15]本诗中的毁灭性力量不是快乐和罪恶，而是金钱和债务。迈克尔是一个牧羊人，与妻子伊莎贝（Isabel）和儿子卢克（Luke）住在英格兰湖区的格拉斯米尔湖（Grasmere）附近，华兹华斯也住在那里。迈克尔十分亲近自然，多年来艰苦工作、勤俭持家，建立了自己的小家庭。虽然年逾八旬，迈克尔还是深爱着那里的“青山、翠谷、溪流、岩石”，因为他在那里与自然和谐共处，“畅快地呼吸着自由的空气”（第63—64行）。在此，“自由的空气”（common air）中的“自由的”（common）有多重含义，可以理解为免费的（如全诗中迈克尔一直奉为珍宝的“自由地”），同时暗示了牧羊人的谦逊和纯朴。迈克尔的“畅快”（cheerful spirits）既来自美德和勤劳，又来自自然对其美德的回报和犒赏。在山岭上，在“自由的空气”中，迈克尔经历了无数“辛劳和艰险，本领和胆量，欢乐和忧愁”，“这些群山，是比自己的血液更宝贵的存在”（第74—75行）。迈克尔的美德和坚韧使得他的小屋成为邻居眼中的地标和旅行者的路标，每晚从小屋窗户透出的微光为人们指引方向。这依赖于稳定的经济状态，依赖于辛劳的牧羊人与华兹华斯后文中提到的“英国土地”（第325行）之间的关系。

通过阅读有关自然之乐的早期诗作，从游吟诗人到弥尔顿，我们可以看出迈克尔的精神生活与“畅快”之间的密切联系，不仅与欧洲浪漫主义中的自然意识有关，而且可以追溯到很久以前的诗歌史。华兹华斯借鉴了这一传统，并在其诗歌叙事中，将传统的快乐场景加以改写。《廷腾寺》中的快乐是诗人恒久“信心”的标志，然而在《迈克尔》中，快乐具有明显的社会阶层特征。迈克尔的生活并不像贝尔纳·德·旺塔杜尔、圭多·卡瓦尔坎蒂甚至威廉·华兹华斯那般快乐，诗人们从自然的春天里汲取欢乐，写出抒情诗。而迈克尔的快乐却与工作相关。快乐建立在土地之上，将农人与自然联系在一起。除此之外，快乐对于劳作的人们而言，并非唾手可得。华兹华斯说，岁月的轮回，使“这一对夫妻，没多少乐趣，心情也未必舒坦，可总是悬着目标，怀着希望，过着这种勤苦操劳的生活”（第123—125行）。在《廷腾寺》中，诗人对于未来怀抱着“快乐的信心”，而农人只能从土地中得到快乐，或许只是“目标和希望”。

贝尔纳·德·旺塔杜尔对比了循环往复的自然之乐与人类行为的偶然性，特别是情爱关系中的背叛。历史的重负同时压在了迈克尔身上，在他稳定的农家生活中，突然出现了债务带来的破坏性力量。在这首叙事诗的中间部分，我们了解到迈克尔需要钱来还债，或许要卖掉田产。他面临着两个选择：一个选择是卖掉一部分土地，从此生计无从着落，儿子卢克无家业可依，这意味着耕种的循环被打破，与土地的联系被切断；另一个选择是让卢克离开农村，到城市里找份工作，以后有可能再回来。当然其中的危险是他可能回不来了，或者他朴素的乡村美德可能会被城市生活所腐蚀。这首诗中提到曾有一个名叫理查德·贝特曼（Richard Bateman）的男孩，找到了工作，去了“异国他乡”，后来发财了。迈克尔提出“指望”（第255行），希望卢克也可以这样做——“明天就叫他动身”（第290行）。迈克尔的口吻俨然是《圣经》中的亚伯拉罕，他提出一个“办法”，其实是将自己的儿子献祭，换来“畅快地呼吸着自由的空气”。用他的话来讲，这是他的“指望”（第254行）。无论这种做法是“自然”的，还是充满史诗隐喻的，只有通过牺牲儿子，迈克尔的处境才能得以保全。

事实上，这想法甫一提出，伊莎贝就持保留意见。她对卢克说："孩子，你千万不能走；我们就生你一个，丢了你，就没啦。"（第307—308行）想要出去闯荡的卢克劝她放心——"小伙子却乐呵呵的，劝母亲宽心。伊莎贝把担心的事儿说了出来，心里也就踏实了"（第310—311行）。心是诗中的一个关键意象，它表示家庭成员之间的情感纽带，以及他们怀有多大的勇气或希望。伊莎贝似乎被儿子说服了，快乐又回归诗中的世界——"天一亮，伊莎贝又去忙她的事情。接着，整整一个星期，这座小屋里（看似）喜气洋洋，赛似春天的树林子"（第314—316行）。

然而，正如弥尔顿笔下的亚当鼓励夏娃"振作起来"，事情变得不对劲儿了。伊莎贝的担心是完全合理的，而卢克的"乐呵呵"却使这担心显得无足轻重。自然之乐的中断体现在修辞手法的反转之中，诗中人物与自然的关系不再是快乐的。如今，这座与世隔绝、深陷债务危机的房子成为自然景观的隐喻——"春天的树林子"。在诗歌叙事中，人类的世界被当作自然来描述。伊莎贝用繁忙的家务掩饰对儿子的合理担忧，她所制造的是次级的快乐，这是一种非自然的快乐，一种对于正常状态的模仿——"这座小屋里（看似）喜气洋洋，赛似春天的树林子"（第315—316行，我的重点）。华兹华斯对于游吟诗人提到的自然之乐旧调重弹，然而，他将其颠覆了，用它来描述一座难以保住的房子，仿佛它是充满自然之力的地方。这里的快乐隐喻是错置的，也是另有深意的。事实上，迈克尔从地里回来，宣布卢克第二天就要离开了：

> 家主婆听了这话，
>
> 便说：有不少事情没有办好，
>
> 走得这么急，准保会丢三落四，
>
> 不是忘了这，就是忘了那。（第 327—330 行）

伊莎贝勉强同意了。她说随着卢克的离开，会失去很多东西——这些是这首诗并没有写明的。我们只知道，尽管屋子里喜气洋洋，她却忧心忡忡。“后来她总算答应了。”（第330—331行）

伊莎贝的担心不无道理。父子俩在刚砌起的羊栏边进行了一番倾心长谈，然后卢克离开了家，迈克尔继续劳作——“老牧人还是照旧，干他的老行当，还是兴头十足，信心也十足”（第446—448行）。但这只是个错误，因为在两行诗之后，我们得知“可是这时候，卢克有点不那么安分守己了；到后来，在那座荒淫浪荡的城市里，他终于陷进了泥坑”（第451—454行）。最后他只得逃到海外，寻觅藏身之所，并未如愿像理查德·贝特曼那样在异国他乡发大财。

正如我们在《失乐园》中所见，快乐作为对灾难的代偿性反应只能是一个错误。亚当鼓励夏娃振作的时候，他完全误读了当时的情形。同样，伊莎贝对儿子的乐呵呵也是强装欢乐，她装作一切正常的样子，迈克尔也快乐依旧，与他的羊群和土地做伴。在两首诗中，他们本应警惕起来，却放下了防备，最终在无意之间成为愚人。

作为一个新兴资本主义时代的诗人，华兹华斯关注的焦点不是弥尔顿笔下的原罪，而是经济学。两位诗人都把快乐作为某种判断失误或错误的代偿情感。华兹华斯比弥尔顿更进一步，给出两种快乐，一种是牧羊人（以及年轻的诗人）与自然的和谐之乐，另一种是伊莎贝因看到儿子的自信和快乐而产生的代偿性快乐。处于伊甸园之外的世界中，伊莎贝的快乐来自劳作，其目的是拯救迈克尔与土地的根本关系。

华兹华斯在诗中一再使用同一个词“快乐”，它指的是迈克尔与“英国土地”之间的精神纽带，也指这对老夫妻的最大追求（不是快乐，而是“目标”和“希望”），以及伊莎贝试图掩饰即将到来的灾难，这打破了卡瓦尔坎蒂和游吟诗人笔下有关自然之乐的诗学传统。伊莎贝强装欢乐，让家庭保持平稳，这样迈克尔还可以继续他的自然之乐。伊莎贝的快乐家庭为迈克尔提供了情感支持，这样他才能懵懵懂懂地重拾自然之乐。在这个过程中，迈克尔本该对自己孩子的命运持谨慎态度，然而他却浑然不觉。在诗中出现了两种类型的劳作（家务和田间），以及两种类型的快乐。为了让父亲以及牧羊人与“英国土地”之间的紧密联结得以延续，儿子被献祭了。

关于自然之乐的理念可以追溯到欧洲诗歌口语体传统的源头。“自然之乐”的意象始于游吟诗人，是他们开始思考人类与自然的循环往复之间的张力，并写出快乐之歌。在抒情诗传统中，我们可以看到当危机时刻出现时，即急躁、愚蠢等人类行为威胁到人类与自然之间的和谐关系时，有关快乐的语言就会出现得越来越多。弥尔顿和华兹华斯继承并改写了早期抒情诗，在弥尔顿笔下亚当鼓励夏娃的寓言中，快乐代表着随着人类的堕落，必然会失去的东西；而在华兹华斯这里，快乐表示的是现代经济力量所带来的混乱。信贷经济严重地破坏了农民与土地的关系，对此，华兹华斯笔下的农民在伪装或虚假的快乐中寻求庇护，这种快乐的假象“看似”是自然关系的产物，实际上不过是对经济危机的掩饰。这首诗借用自然之乐的语言来描述一种情形，而在这种情形之下，自然之乐恰好处于危机之中。贝尔纳·德·旺塔杜尔可以歌唱自然之乐，而迈克尔能做的，只是用儿子来献祭。

在前一章中，我认为在资产阶级社会中，快乐常常表现为对某种自我危机的反应。而在人类欲望和土地的关系的危机中，快乐成为一个严重的问题。它不再来自自然；相反，它是伪装的快乐，并非来自自然规律。因此，我们在描述快乐时陷入一种悖论。新兴资产阶级病态的自我表现似乎掏空了快乐的情感力量，将它变成以自我为中心的陈词滥调，一种野心勃勃的性格的标志。要拒绝这一过程则需要转向看重自然之乐的抒情诗歌传统。然而，诗歌也陷入了同一个困扰资产阶级身份的经济过程，而在华兹华斯这样的诗人笔下，我们看到的快乐是一种手段或暂时性的代偿情绪，最终只能导致愚昧的行为。

解决这一矛盾的一个可能的办法是重新定义快乐，不是把它当作资产阶级自我与自然之间的关系的道德源泉，而是作为写作或自我构建中具有生成属性的源头。在下一章中我们将转向爱默生和尼采，对于这些作家而言，快乐是一种意志力量，并不存在于自我或自然世界的深处，而是存在于艺术之上。

第三部分

现代社会中的快乐

第十章

快乐的科学家：哲学和诗歌

欢乐

传统意义上的快乐是适度的，它既不是欣喜若狂的，又不是不动声色的；既不会让我们浑然忘我，又不会使我们受困于肉身的泥沼，深陷于中世纪所谓的绝望（acedia）之中。它赋予我们行动的力量，激励我们社交，而社交也会影响我们的快乐。甚至当我们面对父权制或政治背叛等强大的力量时，快乐也会彰显其影响力。快乐在诗人笔下是自然的力量。对于资本主义制度下的公民而言，快乐反映出他们与未来之间的关系，它会出现在斗争或危机时刻，也会出现在金钱和财产争夺之中。在这样的语境下，它可以制造我们与他人之间关系的假象，使我们错误判断当前的形势，从而做出愚蠢的决定，或许与夏娃的决定一样极端，或许与伊莎贝和迈克尔的决定一样问题重重。然而，随着快乐以上述各种方式进入现代资产阶级文化，一种相反的观点随之出现，它重新定义了快乐，认为快乐是反资产阶级的，并且无关道德。

当快乐与资本主义竞争文化中的斗争联系在一起时，我们就迅速进入了另一个关于情感的现代写作潮流。我们不再关注资产阶级或乡村生活，以及对于成功和财富的焦虑，而是进入一个更小众的领域，关注的焦点是19世纪欧洲文化的另一个伟大主题——对英雄式的强大个体的崇拜。19世纪流行英雄人物写作，从拿破仑崇拜，到托马斯·卡莱尔（Thomas Carlyle）、司汤达、陀思妥耶夫斯基等作家，无一不是如此。美国散文家拉尔夫·瓦尔多·爱默生和德国哲学家弗里德里希·尼采对英雄人物极富洞察力，他们对快乐理念也颇为关注。在这一章中，我们将看到爱默生和尼采对快乐理念进行了彻底的探究，并对其表面力量或情感能量穷理尽微，甚至剥离了自中世纪末以来附着其中的多重内涵。为此，我们必须再一次转换体裁，转向哲学散文。对于诗人华兹华斯来说，快乐涉及自然力量及劳作。当我们把目光投向19世纪的散文时，我们可以看到快乐以哲学风格出现。爱默生和尼采把快乐与审美经验联系在一起。快乐的特征（身体和灵魂的互动，对外表与瞬间的欣赏，等等）是如何形成写作本身的呢？

尼采在精神崩溃之前所写的《尼采反对瓦格纳》（*Nietzsche contra Wagner*，1888年）的最后一章的几页中，将道德和语言联系在一起。其中他提到一个人如何在痛苦的状态下写作哲学问题。他谈到自己的健康问题，并说与健康问题的斗争使自己更“深刻”，对于苦难，有两种选择：一种是保持沉默；另一种是“就像美洲印第安人一样，无论遭受多大的折磨，他都会用恶毒的咒骂来报复折磨他的人”[1]。在此，尼采呼应了我们在第5章中提及的蒙田，他说巴西食人族在临死前用“欢快的面容”来折磨宰杀者，以示报复。对于蒙田而言，快乐关乎身体，存在于面容之中；而对于尼采来说，快乐关乎语言。无论我们是否将“美洲印第安人”解读为尼采本人的形象，很明显，他在这里提出了道德生活（“深刻”）与语言（“恶意”或“嘲弄”）之间的关系问题。[2]尼采通过向语言维度的转变重新定义了快乐，因此，快乐不再是传统叙事中表面的身体维度，而是充满了深度和暴力。在快乐叙事中曾举足轻重的身体，现在让位于语言。

为了更好地理解尼采将快乐与文体相结合之源流，我们可以将目光转向美国散文家拉尔夫·瓦尔多·爱默生，毕竟尼采对爱默生的崇拜是有目共睹的。在1882年出版的《快乐的科学》一书中，尼采将爱默生列为四位“散文大师”之一［其他三位为莱奥帕尔迪（Leopardi）、梅里美（Mérimée）、兰多（Walter Sarage Landor）］，看似矛盾的是，这四位的写作方式都更接近于诗歌，他们的散文更像是与诗歌进行连绵不断的文学角逐。[3]爱默生于1850年出版的散文集《代表人物》（*Representative Men*）将我们置于19世纪英雄崇拜的背景之下。散文集包括一些“典型的”伟人，代表着不同的社会功能和智慧特长，其中包括阅世老手拿破仑、神秘主义者斯威登堡（Swedenborg），甚至还有怀疑主义者蒙田，最有说服力的一位当属“诗人”莎士比亚。

在6年前出版的第2辑《随笔》中，爱默生曾写过关于诗歌的文章，其中并未特别提及莎士比亚。在文中，爱默生强调诗人是人类新知识的生产者，在诗人的眼里，世界是一个由标志或“徽章”构成的网络。正如我们在上一章中所见，游吟诗人的诗来自自然的周而复始，而爱默生眼中的诗人则是以其诗才取代了自然之乐——“他的欢欣应当是阳光的恩赐①”。[4]爱默生认为，诗人的想象力在其他人身上并不缺乏。然而，正是诗人把这些知识带给我们，把我们从有限的想象中解放了出来——“诗人就是解救万物的诸神”。诗人把自然变成象征，也即是说，变成语言。

这些思想在《诗人莎士比亚》一篇中得到了深化。爱默生指出莎士比亚的两大特点。他将自然现象变成道德现象的能力，只有但丁、荷马、莎士比亚等天才会注意到“一棵树除了结果，还有另外的用途，玉米除了做饭，地球除了供耕耘和走路外，还有另外的用途”。这“另外的用途”是人类思想的“象征”。诗人把事物变成象征，诗歌即是“自然史里传达了对人生的一种无言的评语”。通过诗人的观照，自然与人类联系在了一起，于是诗人能够“探索寓于这些象征中并给予这种力量的德性”。

莎士比亚在其中扮演的角色是，以一种更普遍的方式来体现象征的力量。他的天才特征并不局限于某个方面。对斯宾诺莎而言，快乐在身体中无处不在，永远不嫌多；对爱默生而言，莎士比亚的作品中有一种普世的力量，它无处不在，

① 译文选自《爱默生随笔》（蒲隆译），上海译文出版社，2010。

但无法定格。爱默生说，一个优秀的读者可以钻进柏拉图的头脑，在那里思考，却钻不进莎士比亚的头脑，莎士比亚的才华体现在“笑剧、悲剧、故事和情歌中力量的均等”，爱默生称之为“连连出现的优点”。他如此总结莎士比亚的伟大贡献：“这种表达能力，或者把事物的内在真理转化为音乐和诗歌的能力，使他成了诗人的典范，并且给形而上增加了一个新问题。这就是把他作为这个星球上的一个主要成果并宣告了新纪元和新改进的到来而投入自然史的那种力量。”莎士比亚并未如游吟诗人那样从自然中汲取再生的力量。他以更有力的方式，将自然变成语言；凭借着超乎寻常的天分，莎士比亚创造了全新的语言，这语言既是“新纪元和新改进”，也将他带回自然，成为“自然史”的一部分。

爱默生上述说法中的二元性（doubleness）尤其引人注意：“这种表达能力，或者把事物的内在真理转化为音乐和诗歌的能力。”（我强调的重点）对于艺术家而言，创作是将抽象（“内在真理”）“转化为”形式，即音乐语言。斯坦利·卡维尔（Stanley Cavell）曾用“转变”和“变形”来描述爱默生的语言。[5]这也适用于爱默生对莎士比亚的描述。而我们可以表述得更精确一些。因为莎士比亚亲近自然，所以他的表达不是一种由内而外的，而是一种跨越式的。他写的不是隐藏于内心的东西，而是重新解释并创造自然界中已经存在的意义，即“内在真理”。爱默生总结说：“还没有拿出造就一个莎士比亚的诀窍，然而把事物翻译成歌曲的可能性已经展示出来了。”诗歌是翻译的一种形式。在这种横向运动中，爱默生对莎士比亚作品的叙述与我们在前面章节中所见到的情形不谋而合：蒙田在段落之间进行跳跃阅读的快乐，休谟的有朋相伴的快乐氛围，诺里奇的朱利安从上帝之脸中见到“快乐”异象。而在爱默生和尼采这里，流动着的是语言层面的、与文体和语言相关的快乐。

对于爱默生而言，莎士比亚作品的无与伦比的精美在于诗篇的总体价值，而不是诗行的价值，“就像某个无可比拟的人的音调，所以这也是诗魂的语言”。个人性格和文学风格在这里融合。莎士比亚在他的作品中无处不在，但比他的全部作品更伟大。这使得莎士比亚的作品充满了个人特色，但又具有普遍意义——“在诗人的心目中，事实已经改变为新的思想成分，一切蜕皮的东西已经荡然无存了。这种慷慨与莎士比亚同在”。莎士比亚的天赋在于以这样一种方式来呈现个人经验，同时剥离了私人属性，他让个人经验变为普遍经验——“他已经记住了教训。然而，没有一点唯我独尊的痕迹”。

爱默生称莎士比亚的天赋为“慷慨”，即他胸襟开阔，为了读者、观众、听众等群体的利益而搁置自我的需要。然而，只有在另一种力量的作用之下，才能使个人经验摆脱束缚，转化为普遍经验：

> 诗人还有一个更加高贵的特点。我指的是他的乐天性格，没有它，谁也当不了诗人——因为美是他的目标。他热爱美德，不是为了它的义务，而是为了它的恩惠。他喜

欢世界，喜欢男人，喜欢女人，因为从他们身上闪耀出明媚的光辉。他把美——欢乐的精神——撒遍宇宙。伊壁鸠鲁说，诗歌魅力无穷，竟然使情郎抛弃他的恋人去享受那些魅力。真正的诗人都以他们坚定欢乐的气质而闻名于世。

在此，爱默生清晰地呼应了快乐与拉丁词语“欢乐”（hilaritas）之间由来已久的联系。正如他的文学前辈蒙田一样，爱默生也将快乐视为把自我从义务中解放出来的力量。然而，爱默生超越了蒙田，因为他不同于以往的任何作家，他将道德与美学、美德与诗歌联系在一起。正是“快乐”具有的调和作用，使得这一切成为可能。诗人把世界翻译成一整套“道德象征”，他之所以这样做，并不是为了以道德哲学的方式建立规则，而是因为美德是美丽的——“为了它的恩惠”。在爱默生看来，莎士比亚从万事万物中汲取恩惠，并回馈宇宙以欢喜。当爱默生说“喜欢世界，喜欢男人，喜欢女人”时，他是在引用并纠正哈姆雷特对罗森格兰兹（Rosencrantz）和吉尔登斯吞（Guildenstern）说的话（“男人不喜欢我，不，女人也不喜欢我”）。与犹豫不决、无法享受世界的悲剧主角相比，爱默生的诗让人看到了万物中的阳光普照。这光在诗歌中转化为美，“事物翻译成歌曲”。爱默生接着提到荷马、乔叟、萨迪（Saadi），最后总结道：“莎士比亚的语调在尊贵和欢乐方面有过之而无不及。他的名字向人们的内心暗示出了欢乐和解放。如果他出现在任何一群人类的灵魂中，谁不愿与他为伍呢？凡是不从他欢乐的风格里吸取健康和长寿的东西，他碰都不碰一下。”

这里值得注意的是，我们可以称之为爱默生思想的横向性。尽管他依赖传统的语言“表达”来描述诗人的创作过程，但诗人的快乐似乎并非来自某种内在的天分，而是来自他的“目的”，也就是美。有了正确的目标就能产生正确的手段。结果决定过程。艺术是一种经验区域之间的转换形式，是一种从自然到语言，再从语言到自然的迁移。文体赋予事物以健康。

以上关于诗人创作过程的记述与爱默生发表于1844年的散文《论经验》(*Experience*)的思想异曲同工，这篇文章论述的主题为健康生活，爱默生关注的重点是人类经验的偶然性。他以失去年幼的儿子为例断言道，即使是悲伤，在我们身上的力量也是有限的。他强调过分思虑只会导致不快乐，因为这会让自我陷于批判和怀疑的泥沼。重要的是要接受偶然性：“再不要让思想把你自己搞得神魂颠倒，到什么地方忙你自己的事情去吧。生活不是智性的，也不是批判性的，它只是坚强的。”这种坚强能使我们保持平衡。他说，生活的关键在于，在过度思虑的深渊与纯粹物质的平庸之间保持平衡：“我们生活在表面，真正的生活艺术就是在上面熟练地滑来滑去”。这是横向性的再次体现。对表面的强调将爱默生的道德思想与他对莎士比亚诗歌的阐释联系起来，既从事物中获得快乐，又使它们获得光明，从而不陷入批判性思维的深渊——“生活不是辩证法”。

爱默生继续指出，莎士比亚看见了“浮现在可见世界上的辉煌意义”，这样可以更“熟练地滑来滑去”。莎士比亚深知事物不仅是事物，它们是象征，正在等待成为诗歌。正如我们刚才所看到的，树上的果子和玉米“对心灵有另外一种更好的结果：是它们的思想的象征，在它们的自然史里传达了对人生的一种无言的评语”。莎士比亚之所以能够超越摩西（Moses）、斯威登堡和歌德等作家，是因为虽然这些作家“看到了同样的物体”，但从他们的作品中只能“读了戒律，读了排除一切、重如大山的职责”。对于他们而言，生活变得“阴森森的，没有一丝欢乐，成了一段天路历程”。爱默生在最后一段中总结道，只有莎士比亚能够将他对知识的想象转化为戏剧，表明“正义要比私情美丽，可爱与普遍的智慧和谐共存”。

快乐的随想

1860年，即完成《诗人莎士比亚》的10年之后，爱默生出版了《生活的准则》（*Conduct of Life*）第一版，再次展开关于道德和美学的讨论。这本书出版之时，正是南北战争一触即发之际，16年后爱默生再次修改再版，当时正值美国独立战争爆发一百周年。《生活的准则》中的系列散文与《代表人物》的主题有诸多相似之处，主要因为爱默生总体上支持战争，所以这些散文关注人格的力量，颂扬英雄主义，并希冀它在即将到来的战争中出现。在这些散文中，政治和文化伟人（如拿破仑、莎士比亚）让位给即将名留青史的美国伟人。我们已经看到，爱默生认为诗歌是一种翻译行为——将自然变为诗歌。在《生活的准则》一书中，我们可以清晰地看到爱默生将自己的写作称为“喋喋不休地给人以忠告”①。

《生活的准则》中的9篇散文关注的主题各不相同（“美”“力量”“幻想”等），这些都会对人的生活产生影响。而在倒数第三篇散文中，爱默生对这些主题做了小结，使之看起来与其他8篇不尽相同。这篇散文的题目是《随想》，以反思说教式散文的局限性开篇。爱默生说，他不得已通过写作来提供建议，但很少有人接受。正因为如此，说教是不可取的，不如给人以激励：“因此，我们关于生活的说教充其量不过是描述。或者，如果你愿意这样说的话，它不过是一种仪式，而决非可资利用的法则。”因此，他正在探寻一种新的道德写作，这种写作不是规定性的，而是仪式性的。他希望通过语言来赞美“活力”，他认为活力具有“感染力”。“凡事只要能够使我们的思想和感情变得强烈，就会增添我们的力量”，他说，我们需要在语言中寻找斯宾诺莎为之着迷的情绪和力量。它们是鼓舞着我们的高尚的灵魂。社会企盼享乐：“我愿生命高贵圣洁。我愿一日犹如百年，既充实又芳香。”爱默生认为，要做到这一点，我们必须把自己定义为具有强大力量的个体，这涉及文学意义上的力量。

---

①《生活的准则》相关译文均选自《爱默生集》（赵一凡等译），生活·读书·新知三联书店，1993。

在此，爱默生的贵族化表现得淋漓尽致，他鄙视“民众”，称其为“蒙昧的、猥劣的、变态的和有害的”。与民众相比，爱默生的目标是所谓的新的高贵的力量。这种力量只有在挑战中才能出现——可以猜测，他是指即将到来的战争。然而此时他的观点与《诗人莎士比亚》创作时期的观点也不尽相同，他将冲突与挑战同艺术创作联系起来：“除了被钉死在十字架上和进入地狱，画家、诗人或圣徒们又能做些什么呢?”爱默生说，构成艺术与暴力之间的推拉力量的是自然，它“俯视着一切”，在野蛮中创造文明。“正是由于萨宾人的抢劫和强盗的掠夺，真正的罗马人和他们的英雄主义才能得以在成熟的时候来临。”这是一个令人振奋的想法——虽然对于萨宾人或遭受抢掠的人来说未必如此。

在最后几页，爱默生“贸然给生活制定了一些首要的、显而易见的规则”。第一，每个人必须能够养活自己，也就是说，要懂得谋生。第二，人必须“获得健康”。和蒙田一样，爱默生认为灵魂是由身体塑造的，道德生活排在健康之后，一个病人无法成为爱默生所称颂的英雄。健康可以带来“高雅的气质”，这比才华还要重要。“对于桃子来说，没有什么能够弥补阳光的缺乏。为使你的知识具有价值，你就必须具有快乐的智慧。每当你真诚地感到高兴，你就得到了滋养。精神的喜悦标志着它的力量。所有健康的事物，其心境都是舒畅的。”

在这里，爱默生将他对自然法则（阳光）的看法同心理力量及道德结合在一起——所有这些都建立在精神优越感的基础之上。智慧的愉悦来自对于事物分布法则的把握——一切都是天意，天之力取之不尽，用之不竭——“快乐或愉悦的心情亦复如此，花费得越多，存留得也就越多……人们注意到：精神的消沉会在个人的和民族的肌体中滋生一种导致瘟疫的病毒。”爱默生继而将英雄与自我意识联系起来，他宣称：“力量与快乐同在，希望使我们有心于工作，而绝望却决不是诗歌，它会使积极的力量走调。”

在此，爱默生开了先河，将自我比作创造者——艺术家或者伟人——这与“诗人是忧郁的”等陈词滥调背道而驰。在《诗人莎士比亚》中，快乐是一个将个人天赋与社会联系起来的术语，而在这篇《随想》中，快乐理念更具有政治和道德内涵，它再次出现，将向善的自然之道与个人的特殊贡献联系起来。如果说快乐关乎身体健康和精力，那么正是快乐决定着我们伟大与否。

快乐也是社交中的动力，通过谈话而发挥作用。在谈话中，我们可以使自己具有利他性，正如爱默生所言：“让你自己成为别人需要之人。”在文章的最后，他又谈到个体与群体之间的互动。早先被视为万物之平衡力的自然，现在被“人类”所取代。“人类是伟大的；理想是崇高的，但个体却是动摇不定的，完全不可靠的。英雄者乃毫不动摇地坚持一个中心者。”文章的最后几句强调了文化中一些“伟大的东西”：“我们要逃避一切虚假的牵累；我们要有勇气成为我们自己；我们应该热爱一切纯朴和美的东西；我们应该独立自主，愉快地与人们相处——这一切，另外还包括服务于人的愿望。”

这些就是美国哲人爱默生在1860年提出的生活准则。

明朗的笔触

爱默生提出写作和快乐之间的联系，这在他的追随者尼采那里得到了响应和发展。然而，与爱默生所谓快乐是一种力量的说法不同，尼采拒绝接受爱默生的美国式乐观主义，即历史的进程是平稳的；尼采揭示出存在于各种形式的快乐深处的暴力。爱默生强调的是横向性和轻盈性，这在某种程度上为尼采重新定义快乐提供了一个开始。爱默生仍然停留在传统的社交性快乐范畴内，而尼采则颠覆了这个概念。

尼采早在1871年《悲剧的诞生》(*The Birth of Tragedy*)一书中就提出了快乐的概念。在书中，他对启蒙运动时期希腊艺术中的“快乐”意象提出了异议，希腊艺术中的快乐是“欢快的”(heiter)，即平静的、平衡的；而尼采则称快乐的情绪为“理论家的自满和快乐”①，并由此提及对于早先掌管音乐冲动的酒神狄俄尼索斯(Dionysos)，那颓靡日神阿波罗(Apollo)式的驯服。[6]尼采说，只有看到“自然之秘奥和恐怖”，才能理解“希腊的乐天”(Greek cheerfulness)这一严肃而重要的概念，“否则，我们当然会把今日随处可见的那种安全舒适的心境误当作这种乐天②”。[7]真正的快乐是危险的，而

① 译文选自《悲剧的诞生》(孙周兴译)，商务印书馆，2017。
② 译文选自《悲剧的诞生》(周国平译)，北京十月文艺出版社，2019。

这种危险与食肉动物般战士们的暴力有关。正如他在《论道德的谱系》（*Genealogy of Morals*）中所指出的："高尚种族的野蛮……他们在所有毁灭中、在战胜后的所有淫乐和残忍中所得乐趣的那种令人骇然的明朗和深湛。"①这与古日耳曼部落以及哥特人的形象联系在一起。[8]与哥特式的毁灭之乐相比，希腊人的"冷静"看起来不太真实。

随着思想日渐成熟，尼采继而在作品中不再讨论哥特人和希腊人，他将上述暴力之乐与艺术联系起来。在后来的著作中，他关注的是南欧普罗旺斯、西班牙和意大利的文化，就德国人对希腊人的误解而言，正是罗曼语族的地中海文化可以成为他们的解药，医治其深沉而阴郁的执迷不悟。在《瓦格纳事件》（*The Case of Wagner*）中，他认为这种快乐感存在于比才的音乐和地中海文化中。他写道，人们将音乐"地中海化"，"复归于自然，健康，明朗，青春，美德！②"[9]在某种程度上，尼采将快乐与自己的写作联系在一起，这甚至比爱默生更为明确。尼采如此描述自己的风格——"我明朗的笔触"（meinen heitern Strichen），这也暴露出瓦格纳音乐和德国文化的腐朽。因此，快乐和写作交织在一起。爱默生站在快乐之外，在即将到来的内战时刻，将快乐投射为莎士比亚的特征；而尼采将自己带入了这场战争，并将写作作为一种快乐的练习。[10]

① 译文选自《论道德的谱系》（赵千帆译），商务印书馆，2016。
② 译文选自《周国平译尼采作品套装》，上海译文出版社，2017。

尼采的哲学是一种转型哲学，是理查德·沙赫特（Richard Schacht）所称的“人类价值问题的新途径”。[11]他于1882年出版的《快乐的科学》不仅记叙了自己的经历和痛苦，同时为理解他的重要观点提供了途径。该书语言凝练隽永，标志着尼采脱离了早期的阴郁和批判，试图构想人类的改变，开辟新的未来。《快乐的科学》第3卷快要结束时，尼采回忆起早些时候关于快乐的讨论，在第239条“郁郁寡欢的人”中，他谈到快乐情绪的“感染力”：“一人不快，举家失欢，阴云密布……快乐（Glück）早已失去‘传染’性了。”①在此，他推翻了休谟关于快乐具有感染力的说法。[12]传染性的“不快”和非传染性的“快乐”产生对立，从而开辟出新的空间，其中快乐不是感染而来的，而是由意志力产生的。这就是尼采要告诉我们的。

研究《快乐的科学》的学者们经常纠结于标题中的“科学”，尼采似乎在思考未来，其中的“科学”或“知识”（Wissenchaft）对他而言意味着什么。然而，“快乐”的概念同样重要。[13]这本书有一个副标题，用意大利语写成“快乐的科学”（La Gaya Scienza），仿佛意味着他想从哲学和美学的日耳曼传统中解脱出来。

究竟什么是“快乐的科学”？ 1323年5月1日，来自法国西南部图卢兹的七位诗人发起了一场比赛，以推广用奥克语（Occitan）创作的诗歌。举办比赛的初衷是复兴13世纪流行的

① 译文选自《快乐的科学》（黄明嘉译），漓江出版社，2007。

游吟诗歌文化。[14]尽管作为对古老的普罗旺斯文化的纪念，这个比赛一直延续到了现代，但它对重要的或原创的诗歌影响甚微。然而组织者异常勤奋。他们编写了大量的诗歌写作指南，列出了种种诗律规则——如何正确使用音节、十二音节表的重要性、不同种类的押韵等。这些文本于19世纪被汇编成为《快乐的科学之花或爱的法则》（*Las flors del gay saber o Las leys d'amors*）一书。虽然该书是诗歌指南，但内容乏味、缺乏诗意。然而书名却具有重要意义，它暗示着一种快乐，而这种快乐是与知识和诗歌相联系的——这正是爱默生和尼采共同关注的问题。

考虑到尼采的语文学背景，也就不难理解他为何试图找到快乐的历史根源或体现。哥特人和希腊人让位于地中海人。在《善恶的彼岸：未来哲学的序言》（*Beyond Good and Evil*, 1886年）中，他提出了"主人道德"（master morality）和"奴隶道德"（slave morality）的关键概念，并断言将爱情视为激情是欧洲的特色，其起源是高贵的。他将其归功于"普罗旺斯的骑士诗人，那些伟大且富有创造力的'快乐科学'，为欧洲做出很大的贡献"[15]。

值得指出的是，对于尼采来说如此重要的短语"快乐的科学"或"快乐的知识"，据我所知在游吟诗人诗歌的语料库中从未被真正使用过。这一点很重要，因为诗歌语料库是有限的，我们的语言知识在某种程度上是在13世纪初卡特里派（Cathar）文化沦陷后重建的。正如我们在前一章中所提到的，游吟诗人将"快乐之歌"与春天和自然之美联系起来。而概括了尼采思想的“快乐的科学”这个短语，似乎来自上文中提到的诗歌比赛发起人。在《快乐的科学之花或爱的法则》中，诗歌创作的技巧被看作通过爱而得到的情感和心灵超验体验，而其中讲述的“知识”或“科学”只不过是写作教学规则而已。换言之，尼采的想法不是来自游吟诗人，而是来自后来者偶然的评论，历史学家们急切地渴望保持处于衰落之中的传统。这是非常具有讽刺意味的，尤其是当我们考虑到尼采作为一位艺术理论家，在艺术的衰落方面的建树。

诗歌、爱情和高贵等主题的道德和心理含义似乎是尼采添加的。它们当然不是《快乐的科学之花或爱的法则》的核心，这本书提出的是一种新的道德观。但我们可以看到为什么游吟诗人对于尼采而言具有重要意义。游吟诗人激发出尼采对于战士文化（掠夺成性的日耳曼部落）和艺术（被误解的希腊人）的兴趣。爱默生把目光投向美国内战中的士兵，将快乐写作与某种英雄主义联系起来。他的“英雄”诗人莎士比亚过着默默无闻而“慷慨”的生活，埋葬了自我。为了颠覆快乐的内涵，尼采把目光投向了别处。通过对游吟诗的讽刺，尼采似乎找到了历史的佐证，即道德上的超越、情感上的轻盈、诗歌、战士身份，这些在南欧是合为一体的。[16]

《快乐的科学》中关于快乐的关键讨论出现在第5卷。最初《快乐的科学》只有4卷，最后写到自传体短途旅行，其中尼采谈到了自己的疾病，再次战胜了持续了一年的病痛，并以“悲剧才开始”这句话结尾。这时他开始了《查拉图斯特拉如是说》的写作。1887年，他在《快乐的科学》中加入第5卷，其中谈到欧洲文明的状况。第5卷的第一篇为《我们欢乐的含义》[17]。他问道，最近发生了最大事件——“上帝死了”，此后一个人如何才能快乐？毫无疑问，了解这则信息会带来绝望，因为“整个欧洲的道德”现在已成废墟。我们为什么不担心呢？

尼采以特有的方式，提出一个隐晦的反问句来回答上述问题：“也许是我们受这一事件的近期影响太深之故吧？”他说这影响是“难以言说的新的光明、幸福、轻松、欢愉、勇气、朝霞”[18]。也就是说，我们并不担心，因为我们感觉到的是解脱和新的可能性。我们能够体验到快乐，正是快乐缺席的结果，而不是像狄更斯笔下的人物那样与命运挣扎的反应。上帝之死带来的恐惧还没有出现，我们正处于一种中间状态，介于死去的资产阶级美学道德（在他们扭曲的概念中，快乐是“安全舒适的心境”）和某种新的悲剧转向之间。为了描述这一状态，他加了一个不俗的比喻：“终于，我们的视野再度排除遮拦……我们的航船再度起航……如此‘开放的海洋’堪称史无前例。”[19]令人震惊的是，尼采从神学语言转换为一种关于时间、气候、光和运动的语言，他在文字中实现了与神学的决裂，这得益于快乐的理念，快乐可以推动人类向前发展，在此快乐成为一个诗意的比喻：大海的意象。

在《快乐的科学》的德文标题中，“快乐”（Fröhlichkeit）一词显然与路德的德语版《圣经》和《哥林多后书》中的“乐意捐献者”相呼应——“捐得乐意的人是神所喜爱的"（第9章第7节）。伊曼纽尔·康德（Immanuel Kant）在1803年的论文《论教育学》（*On Pedagogy*）中多次使用"Fröhlichkeit"，指学生应该从正确的宗教教育和游戏中获得的快乐。[20]然而，这个词在这个特定语境中的价值也可能与它的词源有关。"Fröhlich"和"Froh"来自古日耳曼语词干，意思是"快"或"高兴"。在这里，我们可能会想到荷兰语单词"vrolijk"（快乐）和英语单词"frolic"（嬉戏），这两个词都暗示着一种充满活力的欢乐和运动。[21]"Fröhlichkeit"这个词暗示着短暂，一种转瞬即逝的"迅捷"，这似乎很适合尼采的说法，即我们现在正处于从旧道德中解放出来的第一次高潮。

在《快乐的科学》一书中，尼采改写了路德的基督教词汇。对于传统道德死亡的回答是黎明的隐喻，而对于道德困惑的回答是大海的意象，其中哲学家是像奥德修斯一样的水手。在此我们可以看到为何爱默生对莎士比亚的叙述为尼采开了先河。爱默生说，对于诗人而言，一切自然事物都是承载着道德意义的象征，如光的形象，随着莎士比亚想象力的作用，变为不同的象征。尼采在此注意到了爱默生这一意象中的横向性。对于尼采而言，欧洲道德危机产生了一种新的欢乐，这意味着一种深刻的暴力，但这只能用诗的方式，用"朝霞"或"开放的海洋"等文学意象来表达。与爱默生对莎士比亚式"欢乐"的自信相反，尼采考虑的是新的"快乐"所需要的是暴力和意志。尼采借用了爱默生关于光和横向性的隐喻，并加以颠覆和重新创造，把它们与英雄旅程的新意象联系起来。这是一次史诗般的或传奇式的海上之旅，并非悲剧般的漫无边际和狂暴，仿佛《快乐的科学》第4卷的悲剧性结论被搁置了，出现了向文学之旅的回归。暴力体现在诗歌之中。

鉴于在尼采的人类发展概念中，艺术、音乐、诗歌起到了核心作用，因此有必要找到快乐和艺术创造之间的交点。尝试着写游吟诗歌是一回事，就像尼采在《快乐的科学》附录中所做的那样，为他所倡导的道德快乐提供一种审美观则完全是另一回事。

如果我们仅仅通过艺术来了解自己，那么，在上帝死后，我们新的快乐必然涉及一种新型的艺术。在尼采看来，这种新的艺术或者存在于比才歌剧《卡门》（地中海虚构作品）的音乐中，或者存在于自己写的诗歌中。然而，只有在他的最后一部作品中，他才充分说明了心中的想法。在尼采早期的作品中，游吟诗人因其历史地位和艺术主题而占据着重要地位。在《尼采反对瓦格纳》（即尼采写作生涯的结语）中，尼采将快乐与艺术的媒介联系在一起。他的重点是后神学时代的快乐所需要的“新”艺术。这是“另一种艺术——一种嘲讽的、轻盈的、转瞬即逝的、与神性无关的、神圣的人造艺术”。从“神圣的人造艺术”的表述中可以看出尼采的“嘲讽”意味。对于这种艺术而言，“最重要的是快乐——任何形式的快乐，我的朋友！”[22]

在此值得注意的是，尼采表述“快乐”的概念时，不再使用“Fröhlichkeit”一词，而是用另一个词“Heiterkeit”来代替。早在《悲剧的诞生》中，尼采用“Heiterkeit”指代资产阶级对于希腊文化的曲解。在尼采的作品中，这两个词总是交替使用，因此对于用词的改变，我们无须妄下结论。然而，词语的含义却是值得留意的。改用“Heiterkeit”之后，原来“Fröhlichkeit”所表示的时间与身体维度不见了，同时消失的还有康德的平衡论意味。现在“Heiterkeit”的特殊内涵是视觉上的，它的词源暗示着“明亮”“清晰”“闪闪发亮”。[23]因为“Heiterkeit”本身具有“光明”的含义，使用“Heiterkeit”也体现出尼采早期对于光和海面隐喻的兴趣，形成独特的尼采式用语。事实上，尼采在最后几句话中描述了新艺术的快乐，他赞美事物的外观，拒绝想要探究表面之下真相的意愿。相反，他呼吁人们停下来，“勇敢地停留在表面、褶皱、皮肤上，崇拜外观，相信形式、音调、文辞和整个奥林匹斯外观领域”[24]。这样的表述有力地呼应并完善了爱默生的观点，即真正的生活艺术就是在“表面熟练地滑来滑去”。爱默生将自己的滑冰隐喻与“批判”能力相对立，他断言，后者只会导致“辩证法”和消沉。尼采让我们在艺术想象中把外观与艺术形式联系起来。快乐一直与外观有关，现在存在于艺术的表面，人的面容退居其后了。转向表面既有道德后果，又有艺术后果。与爱默生的观点相反，它涉及遗忘的暴力和将形式强加于艺术材料的意志。尼采提到了写作与表现所需的技术材料——褶皱、皮肤、音符。在此，快乐只存在于表面之上，快乐通过与表面的互动产生。拒绝深度的审美暴力变成一种新式快乐的暴力道德。

《天青石雕》

在尼采的作品中，早期快乐叙事中的形而上学和资产阶级心理学已经不复存在了。尼采将快乐的概念延伸到它所能达到的极限。他保留了其有益的、生成的维度，同时免除了其心理深度。于是只有艺术和外观保留了下来。我们之所以快乐，是因为我们在艺术的表面熟练地滑来滑去。

这种现代主义式的快乐预示着一种新的美学诞生。《尼采反对瓦格纳》面世40年之后，这种新的美学在威廉·巴特勒·叶芝（William Butler Yeats）晚期的一首诗中重现。这首诗就是写于1937年的《天青石雕》（*Lapis LazuLi*），叶芝的友人哈里·克里夫顿（Harry Clifton）送给诗人一块天青石雕，叶芝遂作此诗献予好友。当时正值第二次世界大战爆发前夕，因此叶芝的处境与爱默生创作《随想》时相似。与爱默生一样，叶芝也拒绝在冲突即将到来之际忽视诗歌的重要性。这首诗是这样开始的：

我曾听歇斯底里的女人
说她们厌恶调色板和提琴弓，
厌恶总是快活的诗人，
因人人皆知，否则也该懂：
假如不采取激烈手段，
飞机和飞艇就会出动，
像比利王那样扔下炸弹！

直到这城市被摧毁夷平①。[25]

看来，必须采取一些“激烈手段”来缓解历史大劫难。叶芝同样具有爱默生的精英意识，将人们称为“民众”，只是他的用语更加精明——“人人皆知，否则也该懂”。一场新的战争即将到来，轰炸袭击的意象中融入了持续猛击——“直到这城市被摧毁夷平”。

正如爱默生含蓄地将“喜欢男人，也喜欢女人”的莎士比亚同他的悲剧人物哈姆雷特相区分，叶芝也关注呈现的问题。在提到莎士比亚的悲剧主角之前，叶芝在诗中说：“都在扮演各自的悲剧，那儿有哈姆雷，那儿有李尔王，那是奥菲莉，那是考狄利。”然而他指出，当悲剧降临时，这些人物“不会中断而哭泣”，只有第一句中那些“歇斯底里的女人”才会哭泣。那些受到爱默生盛赞的莎士比亚式的文学人物，即使在灾难面前，也有继续演出的力量：“他们懂哈姆雷特和李尔王的快乐，快乐改变着恐惧的众生。”就像尼采认为艺术存在于外观之中，在“褶皱”或“音符”中，在此处，艺术存在于人物及表演之中，并非演员“本人”。如此说来，快乐与艺术形式有关，无论它是否是悲剧；快乐也与结构的力量有关，快乐“变形”为堡垒，以对抗“比利国王”②和战争灾难。

---

① 本诗译文选自《叶芝诗集》（傅浩译），上海译文出版社，2018。

② “比利”是威廉的昵称，指德皇威廉二世，兼指威廉三世。

叶芝放眼于整个历史长河，关心的是整个人类命运的兴衰。他在第三节中提到“古老的文明遂面临刀剑”。面对这样的历史悲剧，他赞扬希腊雕塑家伽里玛科斯（Callimachus）的雕工，他的精美作品“站立的时间不过一夜”。然后，他得出了尼采/爱默生式的结论：“一切都倾倒又被重造，重造一切者都很快乐。”爱默生认为历史是一个可以变废为宝的“破布商人”。作为尼采反形而上学式快乐的追随者，叶芝认为诗人的特殊角色在于创造形式。爱默生所谓的快乐之力量，在叶芝看来存在于某个特定人物的身上，这个人物不是泛泛的英雄，而是作为建造者的诗人或游吟诗人。“重造一切者都很快乐。”[26]

在尼采看来，在黑暗中出现的快乐时刻是由黎明和大海的隐喻塑造的。叶芝在这首诗的第三部分，用文学语言描绘了天青石雕，给出一个完全不同的寓言：

天青石上刻着俩中国人，
身后还跟着第三个人，
他们头上飞着只长腿鸟
那是长生不老的象征；
第三位无疑是个仆人，
随身携带着一件乐器。

在此，叶芝从历史的悲剧中退后一步，将目光从两次世界大战之间的欧洲史，经过“古老的文明”，投向远方的中国。在叶芝的叙事中，“中国人”似乎并未受到过往一切事情的影响。这首诗以音乐创作的场景结尾：

在那里，凝望山峦和天宇，
注视一切悲剧的场景，
有一位要听悲悼的曲风；
娴熟的手指就开始弹拨。
他们皱纹环绕的眼睛，
苍老、炯炯的眼睛，明澈。

全诗以艺术战胜历史灾难作为结束，取代悲剧和“恐惧”的是三个“中国人”。正是快乐使他们成为历史废墟上的“重造一切者”。

一切都顺理成章，爱默生和尼采式的英雄形象，现在与诗人联系在一起。尼采式哲学家的“快乐”以及爱默生圣人/英雄的“快乐”，现在演变为叶芝笔下“中国人”的胜利，他们充满智慧、满脸皱纹。而考虑到尼采和爱默生对表面在艺术创作中所起作用的兴趣，我们无法忽视诗中的诠释性时刻，即叶芝面对雕刻石材之物质属性的时刻。在上述引文之前，叶芝在沉思：

石上每一片褪色的斑痕，
每一处偶然的凹窝或裂隙
都像是一道河流或雪崩，

或依然积雪的高坡峻岭
虽然杏花或樱枝很可能
熏香了半山腰那小凉亭——
中国人正朝它攀登，我乐于
想象他们在那里坐定。

在这里，我们看到了爱默生和尼采曾经描述的，诗人将自然现象转化为心灵象征的过程。叶芝通过仔细观察石头，把每一个瑕疵都变成风景，为中国圣人构建起背景。表面本身已经是艺术了。然而，叶芝的语言指出该过程的不确定性——“每一处偶然的凹窝或裂隙/都像是一道河流或雪崩”（我的重点）。看似是在冬天，然后他意识到我们应该看到的（“很可能”）是春天里“杏花或樱枝”的景象。石雕的艺术生成特性让我们期待春天，而石头原本的样子像是下雪的冬天，二者之间形成的张力，由叶芝通过解读世界并将其艺术化而消解。叶芝审视的是由原材料到艺术形式的转化，这也为最后艺术胜利的结论增添了不确定性的意味，因为我们也许会好奇，快乐的中国圣人那睿智双眼四周的“皱纹”，是否并非石头本身的纹路，而是艺术家巧夺天工的创造。智慧本身只是“偶然的凹窝或裂隙”吗？正如尼采所言，当快乐滑行在表面嬉戏时，它就变为艺术，“勇敢地停留在表面、褶皱、皮肤上”。在此，快乐充满力量，它在冬天和春天之间，在上帝死亡的黑暗和黎明的新光之间，在粗糙石头的裂缝和智者脸上的皱纹之间，在忽明忽暗的瞬间。在快乐叙事中，尼采将其从传统的面容上移开，放在艺术作品的表面，而叶芝则重新使用了面容——作为艺术的一部分。

与此同时，对于诗人自己的状态，这首诗却并未明示。他快乐吗？我们看到他通过在事物表面移动来构建意义的过程，但他也许在暗示意义内在于自然本身，在石头的褶皱之中。从这首诗开篇人类文明灰飞烟灭的异象，到结尾时专注于对审美对象的叙述，这一转变也表明，艺术创造只能通过意志力实现，这是一种有意的遗忘，或对我们周围的灾难置若罔闻。在诗中，叶芝并没有赞扬剧中演员未因悲剧而停下来“哭泣”，他赞扬的是虚构人物哈姆雷特和科迪莉亚。似乎只有通过故意置历史灾难于不顾，叶芝心中的诗人才能拥抱艺术的救赎性。[27]

爱默生、尼采、叶芝所定义的快乐并不存在于个体心理学或群体互动（如狄更斯或休谟）中，而是存在于艺术本身的媒介中，存在于形式的暴力中。我在上文中将其称为“现代主义快乐”。这些作家拥抱一种英雄式的乐观主义，他们笔下充满了雄心勃勃的奋斗者和经济危机，带我们走出资产阶级文化，即使他们表现出了贵族式的唯美主义，也可以被看作斗争带来的应激反应。几乎不加掩饰的观念暴力弥散在他们的作品中，其中战争、死亡、恐慌等意象暗示了创造语言和艺术形式所需要的强大意志力，这种语言和艺术形式需要“勇敢地停留在表面”时，既高能又轻盈。

无论艺术的语言是如何构成的，它都是由原本的或可能的生活经验所构建，而艺术形式正是传达这种经验的方式之一。在下文中我们将会看到，在商品文化中，快乐的话语也可以再次得到利用，通过新瓶装旧酒，旧理想可以用来服务新目的。

第十一章

令人惊叹！——自助和自我推销

“制造阳光的人”

在现代营销文化中，快乐成为一种空洞的形式。它为仿拟群体经验提供了词汇，同时鼓励孤独的个体文化。它在修辞上唤起了关于早期价值观的记忆，但这些价值观已不再适用于新的消费者和雇员群体。快乐渐渐流于虚空，正是19世纪各种发展变化的结果。我们已经看到快乐在简·奥斯丁时代英国的贵族社会中受到挑战，在白手起家的狄更斯式主角大卫·科波菲尔的追随者当中重新回归，而在尼采的道德美学构建中颠覆。当然，每一种快乐的形式都是不同的。但所有这些形式都体现出一种力量的闪烁，一种对于即将到来的光明时刻的转瞬即逝的自信。“终于，我们的视野再度排除遮拦。”尼采如是说。随着20世纪和21世纪的到来，快乐的力量和实际效用成为许多现代流行文化的主题。

第一次世界大战后，美国生活方式日渐占据主流地位，因此我们将目光投向这里。在经典美国现代小说《了不起的盖茨比》（*The Great Gatsby*）中，F.司各特·菲茨杰拉德（F. Scott Fitzgerald）用“分光镜般的快乐”（Spectroscopic gayety）形容主人公盖茨比在他的长岛庄园里举办的喧闹派对。分光镜是一种超级棱镜，可将白光分裂成彩虹般的颜色。这快乐是辐射到四面八方的。菲茨杰拉德的小说揭示的是色彩背后的黑暗。小说中的悲剧女主角黛西·布坎南（Daisy Buchanan）的声音充满快乐：“在她的声音里有一种特殊的激情，使一切爱慕过她的男人难以忘怀：她的声音中蕴含着一种歌唱般的渴求，一声细声柔语的‘听着’，一种深深的承诺，告诉你她刚做完了快乐有趣的事情，而快乐有趣的事情正在接踵而来。①”[1]黛西与简·奥斯丁笔下期待快乐的女主角们一脉相承，盖茨比“分光镜般的快乐”无法给黛西带来满足，正是其悲剧的核心所在。然而，小说中处处弥散的灯红酒绿、寻欢作乐已经足够让我们感受到爵士时代的欢乐氛围。1926年，即《了不起的盖茨比》出版一年之后，明尼苏达大学出现了第一批女拉拉队队员。

甚至在“一战”之前，快乐文化爆炸式流行的时机就已经成熟。1911年，童子军委员会组织出版了第一本《童子军手册》（*Scouts Handbook*），这本书不仅在精神上鼓励男孩子过上更好的生活，而且提供了实用技能建议，例如如何在树林里生火。童子军的自我发展必须遵守“童子军法”，包含12种美德，其中第8种美德为“快乐”：“童子军的另一美德是

---

① 译文选自《了不起的盖茨比》（姚乃强译），人民文学出版社，2020。

乐观豁达。正如童子军法令指出的那样，童子军永远不应制造沉闷的氛围，而必须始终生气勃勃、面带微笑，诚如某位幽默大师所言：‘必须看到整个油炸圈饼，而不是圈饼中间的那个窟窿。’欢快的脸部表情和愉悦的用语可以像阳光一样在人与人之间传播，而童子军的责任就是在人类生活的地球上制造这样的阳光。①”[2]在这令人咂舌的陈词滥调中，童子军为男孩们的日常生活带来了快乐。这种快乐不再是衣衫褴褛的迪克那“令人振奋的想法”——至少这些想法再无讽刺意味，而是要将每一个迪克都变成白手起家的大卫·科波菲尔。

我们对这样的表达并不陌生：快乐的感染力、令人愉悦的阳光之古老隐喻（现在这阳光在童子军的身体内），从“沉闷”到“生气勃勃、面带微笑”，中间没有任何过渡。这里唯一的新增细节是引用了“某位幽默大师”的说法，这引用显得不合时宜，因为至少在当时的语境之下，完全看不出大师的幽默何在。同样有趣的是，文中也提到“童子军法令”，这些句子正是摘录于此。“正如童子军法令指出的那样”，其明显的含义超出了每一条戒律的具体范围。现在，童子军应该明白了，快乐是一种号召。接下来手册写道：“始终保持愉快是一种责任，这种责任无需在此过分强调。”快乐得到了法律授权——我们在本章中将会看到，这种修辞在多种现代自助形式中反复使用。

① 相关译文均选自《培养男子汉——教给孩子终生受用的生存技能和价值》（洪友译），天津社会科学院出版社，2010。

接下来，该手册继续在历史长河中追溯这种快乐的源头："优秀童子军还必须富有骑士精神。换言之，他应该像古代的骑士或先锋那样像个男子汉……他应当豁达开朗、好学上进，并为自己的未来做主。"[3]在手册中，我们在本书中曾经见到的范例被巧妙地串连起来，其中有乔叟的骑士精神、休谟笔下的哲学家推崇的交谈之乐，不一而足。文章很自然地从自我表现谈到正直的道德，再到职业抱负。蒙田圣人般的快乐包括对传统的逃避。在此，正是快乐这种品质使男孩养成墨守成规的习惯。

在20世纪的消费和物质扩张中，快乐作为一个有用的概念而被传播，使得资本主义的野心与旧的伦理关注相结合。童子军手册对野外生存技能的强调是为了培养以男性为主的新的生产和消费群体，使其能够在残酷的市场竞争中生存。资本主义让个人深陷对资源和金钱的竞争之中，这是孤独的任务，而童子军般的快乐赋予其一丝英雄意味。对于一个销售代表或初级经理人而言，外表的快乐能融洽工作氛围，有助于事业取得成功。然而，现在某些看似自私或虚伪的行为却被重新视为过去英雄时代的回声。我们知道，每一个社会新人在本质上都是一个流浪的骑士或一个坚定的猎人。他尽力看到整个油炸圈饼，而不是圈饼中间的那个窟窿，从而对整个社会有所帮助。快乐使生存技能具有道德振奋的作用，生存技能使快乐能在现实社会中有立足之地。

正如社会学家阿莉·拉塞尔·霍赫希尔德（Arlie Russell Hochschild）所指出的，消费资本主义的兴起，带来了一种新形式的情感生活。[4]我们最隐秘的情感被重新包装为各种信息，这些信息塑造了我们的自我呈现，我们被重塑为交换的象征符号。在一个把自我当作商品来消费和生产的社会经济体系中，快乐的表现就成了一种价值。现在，快乐不再具有现代早期基督教的形而上学意味，不再是启蒙运动时期谈话中的社交黏合剂，甚至不再是鲜明的个人特色，如《大卫·科波菲尔》中那样。

然而，这里还有一个更大的意识形态使命。对于童子军而言，快乐具有重要的调解作用，以包扎社会和经济破坏造成的伤口。上文提到的野外生存技能和职业追求，显然反映了在美国工业和商业扩张的背景下，文化建设中并行不悖的两个阶段。童子军运动之所以受到欢迎，以及衍生了各种“户外”和“青年”运动，正是由于它能够帮助人们理解一个由旧的农业模式向新的机械化生产和销售模式转型的社会。根据手册的说法，“快乐”可以支撑这两个世界。快乐是一种抽象品质，正因为它的抽象性，所以能在野外生存技能和市场竞争之间架起一座桥梁。

此外，对青年文化的强调抵消了快乐作为“美德”的恒定性，使资本主义对田园价值观的破坏成为一种自然的叙事活动。从营火到办公室，无论对个人还是国家而言，都是一场从年轻到成熟的变化。学习骑士和先锋等古老的做派，当你慢慢长大时，“顺其自然地”让这些品质成为你的一部分，并带入“事业”。通过这样的方式，你的个人发展将使旧的伦理结构和现代经济之间呈现出连续性，即使客观而言，资本主义机器正在使旧的生活形式成为过去时。当然，极少数童子军离开营火的时间足够长，有时间阅读历史，他们很快会意识到，过去的“英勇的”骑士和先锋猎人实际上一般都具有反社会人格。但正如我们在前文中对文学作品的讨论所见，快乐的群体常常努力吸纳各色人等——亚马孙人、多疑的姐姐、忧郁的寡妇、街头顽童等。最终，就像莎士比亚笔下的希波吕忒一样，我们最终会回归快乐。

这种新的童子军式的快乐，其目标为职业成功，而非捐献或艺术，哲学家威廉·詹姆斯（William James）在1902年出版的著作中对此进行了追踪，并称之为“心灵治疗运动”（Mind-cure movement）。他认为这是一种新的现象：“刻意采用乐观的心态，从而使其进入哲学。”他认为这是美国人独特的心理学，称其为“他们对系统人生哲学唯一明确的原创性贡献”[5]。同我们书中的做法一样，他追溯到爱默生，也追溯到《福音书》和惠特曼的诗歌。虽然詹姆斯没有提到，但同样重要的是世纪之交的“励志”作者奥里森·斯威特·马登（Orison Swett Marden），他的自我激励主题著述颇丰，发行量极大，其中包括《快乐，一种生命的力量》（*Cheerfulness as a Life Power*，1899年）、《乐观的生活》[*The Optimistic Life*，又名《快乐这件事》（*Cheering Up Business*），1907年]、《关于快乐的思考》（*Thoughts about Cheerfulness*，1910年）等畅销书。马登是塞缪尔·斯迈尔斯的追随者，如前文所述，斯迈尔斯的《自助》对狄更斯也有重要影响。马登的书中充满了各种“智慧语录”和陈词滥调，鼓吹乐观的重要性。这些既是个性优点，又是专业品质，会让你快乐，也会帮你赚钱。

对马登而言，全国人民都需要快乐。在《快乐，一种生命的力量》一书中，他称快乐为“美国病的解药”。[6]书中夹杂着对美国人工作态度的反思：工作勤奋、无暇享乐、追求物质。马登的目标不仅是让美国人放松，更是让他们在放松的同时提高工作效率，变得更富有。要实现这一奇迹，靠的是传播快乐。然而随着写作的继续，快乐的意义也发生了变化，由最初童子军般散发阳光般的暖意，变为停止抱怨劳动条件。马登说，快乐的人是“真正的和平缔造者，他们的力量抵得过一个发牢骚的军团”[7]。这种高明的宣传集情感健康、政治绥靖、宗教祝福于一体。而那些可能正在流水线上争取体面工作条件的同事，被称为令人不快的“军团”，他们的正当情感被贬低为黑暗的情绪。“真正使人和睦的人”记得耶稣登山宝训中的祝福：“使人和睦的人有福了，因为他们必称为神的儿女。”《马太福音》第5章第9节如是说。马登接着赞扬了工作中的歌唱、良好的卫生习惯和令人愉快的举止。他在结尾引用了歌德和朗费罗（Longfellow）的名言——“某处永远是清晨”[8]。

正如詹姆斯所指出的，这是独具美国特色的写作，其意识形态渗透尤其引人注意，它将早期的道德和情感词汇融入资本主义日常生活。因为资本主义推崇销售文化，它将快乐的力量从早先的语境和话语中剥离出来，与现代早期神学、启蒙运动时期的社交性、现代主义美学等一一割裂。快乐现在是自我安慰的一种形式，是一种情感工具，让你安于日常苦差。而马登与《童子军手册》一样，将快乐视为坚定的个人主义者之一大特点。个人主义者或标新立异的勇敢的美国人，他们是快乐的人，他们的价值“抵得过一个发牢骚的军团”。当工厂里的工人怨声载道时，快乐的声音是荒野中的声音，仿佛是英勇的骑士或坚定的猎人。想要与众不同，就要快乐。

走向形而上

在新的快乐理念中，爱国主义含义的细微差别是很重要的，因为它影响了海量现代励志书籍。牧师诺曼·文森特·皮尔（Norman Vincent Peale）所著的《积极思考的力量》（*The Power of Positive Thinking*）出版于1956年，它是美国现代自助文学的扛鼎之作，书中将鼓吹乐观与实现成功相结合，这与马登的作品异曲同工。拉尔夫·瓦尔多·爱默生说过，“力量与欢乐同在”。皮尔试图将这一见解文学化，把它变成一种营销工具。与马登一样，他使用了“国家危机”这样的重要定义。《积极思考的力量》的开篇正好迎合了“二战”之后的大众心理：“令人震惊的是，有那么多可怜的人被一种名为自卑情结的疾病所困扰，令他们痛苦不堪。”[9]凭借出众的语言技巧，皮尔借用了“可怜”的多种含义，暗示“自卑”之人的痛苦和可悲，以及自己对他们“可怜”心境的消极态度。这一现象被称为“自卑情结”，说明皮尔在情绪健康问题上具有专业知识，需要时，他会利用自己的专业词汇储备。皮尔说，无论他走到哪里，都会遇到一些因为感到自己不够格而饱受痛苦的人。他的书将会帮助这些人更好地生活、工作，并获得成功。这是一个美国人的问题，他最重要的处理技巧是提醒自己的对话者，他们生活在美国这个“充满机会的国度”。

《积极思考的力量》充斥着被包装成科学真理的劝诫，并配以奇闻逸事作为示例。这些逸事的有趣之处在于，与《大卫·科波菲尔》中的人物一样，他们把世界分成了演员和观察者。书中出现的人物籍籍无名，有些人举止奇特、令人不适。书中写道：“我在舞台上与人打招呼时，一个男人情绪激动地走近我。”[10]这些人都很悲惨，他们在皮尔演讲结束之后来找他。由于感到孤独迷茫，他们不得不去寻找解决问题的办法。我们看到皮尔不断地向一些不知从哪里冒出来的人提供建议。他会举出一些朋友的例子来安慰他们（和我们），与不知名的观众不同，这些朋友都有名有姓，几乎都是成功的商人或媒体明星［洛厄尔·托马斯（Lowell Thomas）、埃迪·里肯贝克上尉（Captain Eddie Rickenbacker）、布兰奇·里奇（Branch Rickey）……］。[11]因此，书中的人们从焦虑走向成功，从在人群边缘徘徊到看见信心之光，从籍籍无名变为积极思考者。皮尔的书中存在着两种人：正在饱受自卑之苦，寻求他帮助的人；受到皮尔积极思维的影响，已经功成名就的名人朋友。

让皮尔的“自卑情结”患者饱受困扰的根源是战后的大规模企业扩张。而刚刚过去的战争以及这些人可能遭受的创伤，在书中只字未提。尽管如此，这些依然存在。这些可怜的人似乎常常担心自己没有受过良好的教育，没有为挑战做好准备，或者自己无法适应公司的文化。换言之，皮尔将我们置于一系列社会变革之中，这一系列变革类似于我们在童子军手册中所看到的，从早期的农业经济向现代社会转型，依靠的是野外生存技能。在皮尔的书中，我们看到的是置身于新经济中的工人阶级，无论在精神上，还是在情感上，他们都没有准备好。

皮尔很容易成为批评的靶子。他的书显然是陈词滥调和虚假逸事的大杂烩，并用20世纪中叶社会心理学冷静的“案例研究”腔调讲述。而其中值得关注的是他的美国问题描述中的深层含义。对于那些可怜的人，皮尔的解决方案是将根植于经济的不确定性和不断变化的就业市场的客观问题，转化为提问者的主观问题。你之所以可怜，不是因为你在公司重组中被解雇了，年纪太大了，无法再找到工作，而是因为你的态度不对。因此，在第一个案例中，一个人说他来镇上是为了“处理我一生中最重要的一笔生意”。他说如果失败了，就“全完了”。皮尔无动于衷。他告诉对方冷静下来，如果他失败了，“明天又是新的一天”。他需要的是积极的态度。下一页是另一个案例：另外一个人走近皮尔，告诉他自己深陷绝望之中，因为他穷尽一生之力打造的公司毁于一旦：“我什么都没有了，一切都消失了，生活失去了希望，以我的年纪，也不可能重新开始。”皮尔劝他振作起来，并提醒他别忘了自己是个美国人，相信上帝，拥有家庭——“信心使他扫除疑惑，内心升腾起的力量足以使他克服所有困难”。

第一个案例中的人是否取得了生意上的成功，第二个案例中的人是否“克服所有困难”，我们无从知晓。积极思考是使他重返年轻并找到工作的灵丹妙药吗？我们只知道两个人现在都有了新的情感寄托。皮尔一次又一次地把客观的经济困难以及美国资本主义的残酷掠夺，说成是一个简单的态度问题。这一点很重要，尽管它被巧妙地包装在积极情绪和解决问题的语言中，皮尔仍是在表达现代保守主义运动应对消极情况的原则。皮尔的意思是，你要为自己的成功与否负全责。如果情况变得不妙，这不可能是因为客观的市场条件需要规范，也不可能是因为腐败的企业行为需要遏制。这都是你自己的错。由此可见，政府对你的失败不负任何责任，也没有义务帮助你。它所能做的就是为你加油。早在 1956 年，里根主义（Reaganism）就已经存在了。政策影响是巨大的。在我看来，快乐的修辞起到了为虎作伥的作用。快乐是一种转换机制，皮尔通过该机制将客观的经济生活转化为个人的情感。一旦快乐存在于远离群体的自我之中，皮尔就能巧妙地为经济战争的意识形态提供精神和心理上的掩护。

书中名为“如何创造自己的幸福”的一章传达出皮尔的核心信息。这一章的故事发生在火车上，车厢中有一群商人，包括作者。他们彼此都是陌生人，空气中弥漫着陌生的尴尬气息。这不是简·奥斯丁小说中的朋友们，而是孤独的人群。他们在男士休息室里一起笨拙地刮胡子时（卫生和自我暴露的隐喻本身就可以说明问题），“几乎没有交谈”。突然，一个人闯入这群沉默的陌生人当中，“一个男人……脸上挂着灿烂的笑容，他愉快地向我们大家问好”。当有人咕哝时（“他在高兴什么?”），闯入者透露了自己的秘密：“快乐是我的习惯。”[12]这位无名的闯入者，仿佛是古老史诗中众神的使者，带着至关重要的信息而来。而这信息并不关乎命运或神意，它只是一个人的坦白——会使其他人反感的情绪告白。休谟认为快乐是一种传染病，只不过在这里这种传染病似乎并不传染，因为我们知道其他人并没有快乐起来。无论如何，皮尔评论道，他确信每个人离开火车时“脑子里都想着那些有趣的话”。他的要求并不高。

马登主张快乐是个人对工业无产阶级怨言的一种反抗形式，但皮尔比他更进一步。他认为，快乐不仅在工作中提供轻松和更佳的态度。态度还决定着世界上发生的事情：“如此想法将有助于事情发展为那样的结果。”这神奇的想法在随后的一页中有了另外一种表述：“每日清晨都坚信会有好的结果，你会惊讶地发现事情会如你所愿……这令人惊叹。”[13]皮尔的修辞魔力就在于此。他的虚假故事和空洞承诺，只是为了让我们以他的陈词滥调作为标准，衡量自己的生活。我们不是他人快乐的解读者和见证者，我们解读和见证的是自己的反应。当我们和皮尔所持的看法一致时，我们会“惊讶”于自己保持乐观的正确性。当事情不顺利的时候，我们丝毫不会介意，因为失败只是阻碍我们保持积极的噪声。

这就是现代的自救式快乐之构成。我们解读的不是圣经或朋友的行为，而是我们自己。我们为自己制造的不是“幸福”，这不过是皮尔观点中的幌子而已。我们只是在为自己制造持续的惊喜——创建新账户、发表文章、免于食物中毒。当皮尔的陈词滥调偶尔与事情的走向一致时，这些微小的幸福会激发一些快乐。由于牧师皮尔积极关心自己的职业发展，这些对他说法的肯定慢慢变成宗教教义："例如，通过积极的思考，你就启动了积极的力量，从而带来积极的结果。积极的想法会在你周围创造一个有利于积极结果发展的氛围。"一页之后，他断言，这种技术使得"上帝的力量转化为人格"[14]。

皮尔的逻辑建立在我们在前文中看到的基督教诠释学的旧传统之上，在这个传统中，所有的事件和文本都要"在最好的意义上"去理解——正如拉伯雷所说的"en perfectissime partie"①。然而在这里，乐意的阅读并不是对他人行为的阅读，而是对自己行为的解读。我们不再从拉伯雷的巨人之乐或莎士比亚式的欢乐中汲取能量。我们在自己身上做工。在此，解释学实践与情感的改进机制相联系。圣奥古斯丁主张按照捐献原则去解读，这会产生教会的团契。叶芝从石头表面解读出快乐的艺术。相比之下，皮尔想让我们解读自己。我们的捐献是自我捐献，它把我们的行为变成自我力量的标志，这是一种自我偶像崇拜的光辉姿态，也是上帝的力量所在。

这与本书前几章中圣保罗的名言"捐得乐意的人是神所喜爱的"截然相反。在圣保罗的名言中，我们能够在慈善、

① 意思是"以最完美的方式解读我的行为和话语"，参见本书第 3 章。

慷慨甚至牺牲的团契构建中，读出神性之形而上的存在。对于皮尔而言，在一个所有人类活动都是商品的世界里工作，快乐就像一种重复的回声，会自发产生，既不需要具体的示例，又不需要借助于群体、历史、艺术。你快乐，你就会成功，成功会让你更快乐，因为成功才是最重要的。快乐现在是纯粹的营销技巧，只存在于励志和"乐观主义"的语言中。

燕麦片

在传统的伦理和审美活动范围之外，快乐的语言被重新加以利用，这可以在20世纪中叶的另一个文化细节中看到，它将有助于我们理解现代经济中快乐的物质表现。1941年第二次世界大战即将到来之际，通用磨坊公司（General Mills Corporation）推出了"Cheerioats"，一种即食早餐燕麦片。该名字将快乐的情感力量与营养谷物的想法结合在一起。"他在感受快乐燕麦！"是最初的营销口号。货物被运送到海外作战人员手中。然而，由于竞争对手反对品牌名称中出现通用材料（燕麦），该品牌名更改为"Cheerios"。[15]这天才的创新灵感似乎来自读音："oats"变成了"o's"。这样的变化也使得品牌名的外观形状"O"与商品的实际形状相协调——小小的圆形中空熟面团，实际上就是一个小小的甜甜圈。实际物体与它传达的信息达到了统一，它既是具体物品，又是一个标志。"O"既是它的名字，又将名字与物品相区分（"O"与燕麦），只保留了物质存在的轮廓（O形）。正如《童子军手册》中所言：快乐的童子军只看到了甜甜圈（油炸圈饼），而不是中间的窟窿。在这个过程中，产品与消费者建立了对话关系，因为这个名字在呼唤着我们——“Cheerio！”。为了避免使其过于英国化，它采用的是复数形式“Cheerios”。圣保罗曾说快乐是一种调和力量，它定义了我们与团契的关系。通用磨坊公司用“Cheerio！”来召唤我们加入消费者群体，在这里我们消费的不是圣餐面包，而是燕麦片。

为了推广这一产品，该公司将其与系列广播和电视节目《独行侠》（*The Lone Ranger*）绑定了16年。产品的名称和主角之间形成强烈反差，节目主角是在西部大陆四处游荡的反社会独行侠，集根植于集体生活的“阳光”性格与1911年的《童子军手册》中所歌颂的“英勇骑士”和“猎人”形象于一身。男主角曾是一个骑警，但现在成为一个自由的独行侠，身边只有忠实的同伴唐托（Tonto）。骑警的道德观已深入骨髓，但他无法容忍身处的社会结构，如同一个走入生意场的童子军。这部西部系列剧的每一集都以关于诚实和正直的道德教训结尾。因此，该节目是英雄事迹与快乐格言的结合体，也是由童子军首倡的旧西部勇气与现代营销价值观的再次结合。在这两个例子中，为了商业目的而对快乐加以利用，与基于不断创新经济下的微观社会经验之间，建立了一种平衡。

我想要表达的是，在早期思想家如蒙田和尼采那里，快乐的力量和能量存在于高雅文学和美学思想中，而在现代社会中，它已经迁徙到流行励志文学和广告术语中。快乐具有调和功能，它可以将美国历史上早期的价值观和经验——基于体力劳动和手工艺的农村农业经济——与新的买卖经济、工厂化生产和推销术结合起来。对于童子军和通用磨坊而言，对早期神秘英雄主义的溯源为自我提升的文化增添了道德上的庄严感。更狡猾的是诺曼·文森特·皮尔，他将注意力转向资本主义竞争的附带损害，试图告诉人们，无论我们如何被办公室的日常生活所驯化，内心深处的我们都是真正的骑士和牛仔。他笔下的人物踽踽独行、心灰意懒，在他说话的时候潜伏在舞台边缘的黑暗中。为了让他们乐观起来，皮尔重新将客观的经济关系说成是情感问题。然后，他将《圣经》中的快乐团契意象塑造为有关自我的神学。自我赋能变成自我阅读，听从皮尔的建议变成上帝意志的体现。他告诉我们，关键是快乐地行动，然后愉快地解读我们的行为，相信成功是意图的后果，而不要考虑其他因素。如此一来，我们既能获得成功，又能获得情感上的完整。太神奇了！

这样的快乐忠告在美国自助类文学中相当经典：在一个没有人情味儿的社会和竞争激烈的经济中，对于一个只能依靠自己获得成功的人而言，表现得快乐才是正道，同时这是推销自己、在艰难时世中保持正直的方式。快乐是表演性的：快乐的表现就是快乐的含义。然而，我们在下一章中将会看到，表演性是快乐的一个特征，虽然它一直是确认、创建或融入一个群体的方式，甚至会导致从众行为，但也可以用来颠覆和破坏压迫性的社会和经济力量。

第十二章

“拿去吧，萨奇！”：黑暗中的快乐

颤动的快乐

“艺术是快乐的吗?”文化评论家西奥多·阿多诺（Theodor Adorno）在1974年首次出版的《文学笔记》（*Notes to Literature*）中的一篇文章中问道。阿多诺的目标是特定艺术作品的风格以及艺术的用途。他首先比较了拉丁诗人奥维德（Ovid）和德国宫廷诗人席勒（Schiller）。奥维德称他的缪斯为“乔科萨”（jocosa）。席勒宣称“生活是严肃的，艺术是欢快的”。阿多诺说，奥维德的这句话是“拉丁式狡猾”的一个实例，旨在保护自己免受政治影响，也不会最终被赶出罗马。奥维德为了拯救自己，淡化了艺术的严肃性。相比之下，席勒从未置身于政治危险之中，他只是简单地轻视艺术。艺术对于席勒而言，是“纯粹的意识形态”，它进入资产阶级文化，心甘情愿地局限于娱乐范畴。阿多诺讨论的正是这种“轻松愉快”的艺术传统。

阿多诺声称，艺术中的快乐或欢乐的概念都起源于现代艺术从现代早期的神话和形而上学中解脱出来的过程。（他提到了塞万提斯、拉伯雷和薄伽丘。）然而，20世纪中叶，艺术中的任何快乐都是虚假的，因为它意味着对历史之痛的回避。正如我们在前一章中所看到的，大众营销的爆发，已经耗尽了尼采和叶芝的快乐力量。因此，任何严肃的艺术都有责任记录经济和政治暴力所带来的苦难。它不能仅仅是“快乐”，仿佛快乐不是对周围苦难的压抑。叶芝在提及被艺术所忽略的悲剧时，暗示了快乐艺术背后的暴力。对于阿多诺而言，这种暗示成了一个完全的悖论，它支撑着传统意义上“快乐”的艺术。（阿多诺举出的例子是莫扎特。）矛盾之处在于，艺术越是表现得轻松和欢乐，它就越是能暴露出社会和经济的不和谐，而艺术只有通过掩盖这些不和谐才能产生。阿多诺说：“调和中总是存在着冲突，正如在最弱的音乐中同样存在着现实的恐怖之音。”[1]

对于阿多诺而言，快乐只存在于一种折射的形式之中。在表现出快乐的形式与痛苦无法命名的认同之间，存在着一种和谐，而快乐正在这种和谐之上跳跃。“艺术作为一种逃避现实却又渗透入现实的东西，在这种严肃与欢快之间颤动。正是这种张力构成了艺术。”阿多诺说，唯一合法的艺术是“在不自由中体现某种类似自由的东西”。这一限制与艺术的定义有关：“事实上，通过它的存在，它跳出承诺幸福的邪恶咒语之外，这种对幸福的承诺本身在某种程度上是以绝望的方式表达的。”阿多诺使用的限定词，诸如“某种类似”“在某种程度上”等，说明他很难找出具体的东西，将艺术与快乐联系起来。即便如此，阿多诺也清楚地知道，自己并不是在谈论具体的作品，只是在谈论一个抽象的艺术概念——“艺术作为一个整体……不是个人作品”。只有在严肃与欢快的“张力”中，艺术才能找到它的存在。在这个结构中，快乐只能颤动，既指向痛苦，又指向摆脱痛苦的自由。

为了看清这一理论的局限性，我们可以提醒自己，正如我们在本书中所追溯的，无论明确或者含蓄，快乐总是具有表演性质。尼采别出心裁地将快乐定位在艺术的“表面”，而叶芝则将尼采的思想以诗歌的形式表达出来，既强调艺术创作的材料，又重视其过程。我们可以承认阿多诺观点的重要性，即快乐是对20世纪艺术平庸化的回应，如莫扎特被资产阶级推崇为轻松愉快的典范。但我们也可以认为某些形式的表演超越了阿多诺的观点。正如我们在前几章中所见，用阿多诺的语言来说，快乐并不一定是一种“特征”或一种“结构法则”。它通过行动表现出来，在某些情绪爆发的时刻偶然出现，在行动中被激活。

为了探讨这个问题，我们可以找一个与阿多诺和诺曼·文森特·皮尔同时代的人物。这个人就是路易斯·阿姆斯特朗，美国现代流行音乐的奠基人，也是20世纪中叶世界上最有影响力的爵士音乐家。阿姆斯特朗表现快乐的方式，把我们带回到尼采《快乐的科学》，快乐的力量在“表面上、音符中、褶皱里”。对于童子军和诺曼·文森特·皮尔而言，快乐是一种向他人展示自我的方式，目的是操纵他人，最终获得利益；而阿姆斯特朗的快乐则更为复杂，涉及自我展示的辩证模式。

阿姆斯特朗的表演、无遮无拦的笑容，以及他愿意把自己置于不那么体面的场合来传达自己的音乐，使自己成为一个颇受争议的人物。20世纪60年代初，许多人认为他的摇摆音乐与新潮的比波普（bebop）相比过于老式。与此同时，随着民权运动的兴起，他的包容精神有时被视为对种族主义社会制度的出卖。然而，阿姆斯特朗的表演之所以兴高采烈，不仅是因为他的小号技艺炉火纯青，而且是因为他利用自己的精湛技艺对抗自己的舞台。这一评论的有趣之处在于，他就像衣衫褴褛的迪克对自己的敌人的回应一样，具有讽刺意味。

可以参考非裔美国人的表演传统来解读阿姆斯特朗的工作。这是被虐待和被忽视的传统。正如赛迪娅·哈特曼（Saidiya Hartman）所指出的，在19世纪白人作家和记者对奴隶的描述中，常常强调奴隶举止中的“快乐”。这往往通过音乐表演表现出来。事实上，在许多奴隶市场中，“快乐的”表演往往成为奴隶们在交易市场上使自己更有“吸引力”的一种方式。在白人眼里，奴隶们的歌唱行为是“快乐的”，并以此为证，说明奴隶制也没有那么可怕，或者快乐是普遍的天性，即使境遇悲惨的人也具有这种天性。亚伯拉罕·林肯曾这样描述他遇到的奴隶：

> 然而，在这令人沮丧的情况下，正如我们所预料的那样，他们是船上最快乐的生物。有一个人因为太爱他的

妻子而被卖掉，他几乎总是不停地拉小提琴，其他人则整天跳舞、唱歌、讲笑话、玩各种纸牌游戏。[2]

为了远离对他人的痛苦进行误读的可怕传统，我们可以关注非洲裔建设历史上第一本重要的理论文本，即1903年杜波伊斯（W. E. B. Du Bois）所著的《黑人的灵魂》（*The Souls of Black Folk*）。在题为"悲伤之歌"的最后一章中，杜波伊斯赞颂了传统非裔美国歌曲的重要性和力量。他告诫并提醒白人读者，美国黑人有三大天赋：故事和歌曲、汗水和体力、"心灵的礼物"。最后，他振聋发聩地提问："我们的歌、我们的辛劳、我们的快乐和警告，都以兄弟情谊的方式献给了这个国家。这些奉献都不值得吗？这不是工作和奋斗吗？如果没有黑人，美国会是美国吗？"随后他提到了在整本书中被引用了无数次的灵歌："我的孩子们，我的孩子们，都在对着阳光歌唱。"他改编了这首歌的歌词：

让我们为疲惫的赶路人加油，
为疲惫的赶路人加油，
让我们为疲惫的赶路人加油
沿着天堂之路

杜波伊斯最后说："赶路人鼓起勇气，面向黎明，走他的路。"[3]

奴隶的悲伤被误读为"快乐"，而杜波伊斯的快乐版本是对此的解读。在此我们并未看到白人观众对黑人表演的评价；相反，我们看到的是一个新兴群体所做出的新式快乐表演。在古老的“悲伤之歌”的传统中加入了灵性的内容，这体现了阿多诺的要求：艺术呈现中要表现出痛苦。然而其中的歌词和表演却表现出了新兴非裔美国民族的某种乌托邦时刻，既承认自己的过去，又在艺术之中走到一起。这首歌是关于快乐的，唱这首歌会鼓舞其歌唱者。这首歌的音乐改编告诉我们，非洲裔美国人的表演很难用传统的欧洲音乐表达，即使它的传统口述可以部分地传达给一部分听众，这些也是杜波伊斯在前面段落中所告诫的听众。音乐既包含表演，又包含文字，它是行动、写作、声音的交集，与阿多诺所要求的快乐和严肃之间辩证“颤动”有所不同。阿姆斯特朗的表演正是建立在这个基础之上。

“挖吧，伙计！”

路易斯·阿姆斯特朗在舞台上自我展示的核心是不断地把自己描绘成某种角色，就像叶芝的诗《天青石雕》中的“哈姆雷特”和“李尔”一样，他不仅是路易斯·阿姆斯特朗，而且是一个快乐的角色，“快乐改变着恐惧的众生”。这种具有讽刺意味的表现策略使得阿姆斯特朗异常难以捉摸。他对自己的表演冷嘲热讽，他总是一边做自己，一边又与自己保持疏离。我们在整本书中都看到在社会关系的互动中，快乐似乎在人与人之间弥散。如果说燕麦片是把快乐的概念凝聚于一个物体上，那么阿姆斯特朗又将它打开，他在自己与自己之间、精湛演技与表演人格之间，制造着快乐。

从阿姆斯特朗最“欢快”的几首歌曲中，我们可以感受到他的创新力量。他的创新方法在1931年为短片《黑色与蓝色狂想曲》（*A Rhapsody in Black and Blue*）录制的1910年曲调“闪耀”中最为突出。“闪耀”的作词者是塞西尔·麦克（Cecil Mack），歌词讲述了一个人的“牙齿是珍珠般的”“头发是卷曲的”。这是一种对非洲裔美国人居高临下的刻板印象，塑造了一位微笑顺从的黑人形象。阿姆斯特朗解构了它。曲子一开头，他低唱道：“哦，一粒巧克力，那就是我。”然后他快速唱完第一节，直到精彩的那一句出现——“这就是为什么他们叫我‘闪耀’”。这完整地表达了刻板印象，并强化了陈词滥调。然而，就在阿姆斯特朗即将唱出最后一个词时——这是命名的时刻，将为充满贬义的歌词画上有力的句号——阿姆斯特朗突然加入了即兴的狂喊，最终也没有唱出那个名字。然后他又重新演唱一遍，这一次几乎全是呜呜声和毫无意义的音节，歌词完全无法听清，直到最后一行。换言之，他把自己和独创的演唱风格插入歌词的句法，把它分解成毫无意义的音节，在最后一个代词（“我”）和它的先行词（“闪耀”）之间插入了大段即兴歌词。除此之外，他进行了一段长时间的独奏，把旋律重新转换成一系列跳跃的音程和滑奏，直到他达到最后的C高音。在这首曲子的现场表演中，最后这段通常包含数十次高音（来自同伴震惊的记录）。[4]

阿姆斯特朗改编的吉米·麦休（Jimmy McHugh）和多萝

西·菲尔兹（Dorothy Fields）的歌曲《在阳光明媚的街道上》（*On the Sunny Side of the Street*）同样令人印象深刻，却不是那么戏剧化。这首歌是有关快乐的历史中无法回避的主题曲。从20世纪20年代开始，阿姆斯特朗多次录制了这首歌。正版歌词的开头是催促听众站起来走："拿起你的外套，拿上你的帽子……把你的忧虑留在门口。/把你的脚朝向阳光明媚的街道。"[5]正如奥里森·斯威特·马登可能会说的那样，快乐是一种"生活的力量"，我们都可以让自己快乐起来，从而不那么可怜，也会更成功。但是阿姆斯特朗对于是否能够激励我们振作起来毫无兴趣。"拿起你的外套，拿上你的帽子，"他说，"宝贝，站在阳光明媚的路边。"几乎在每一行之后，他都会重复"宝贝"这个词。这使这首歌完全变了。它把一首普通的快乐之歌变成诱惑之歌。它歌唱的是两个情人，而不是童子军或焦虑的美国工人。这一细节尤其能够说明这一点：阿姆斯特朗敦促他的伴侣时，不是把脚"朝向"向阳的街道，而是"站在"向阳的街道上面。他们快乐是因为在一起，与地理位置无关。他们会生儿育女，不是因为走向何方，而是因为他们相爱。阿姆斯特朗把歌词变成一种蛊惑：跟我走，一切都会好起来的。原本歌词中的安慰意味略显平淡：好心情和金钱一样宝贵，"我像洛克菲勒一样富有"。阿姆斯特朗将其改为对虚构情敌的彻底战胜——"即使我身无分文，妈妈，我也像洛克菲勒那家伙一样富有"。在阿姆斯特朗的版本中，爱才是财富所在，而不是快乐。通过改编歌词，阿姆斯特朗把普遍而常见的快乐之歌变成一首情人之间甜蜜的调情诱惑之歌。

在1932年贝蒂·布普（Betty Boop）系列动画短片中，其中一部名为《你死了我会很高兴，臭流氓！》（*I'll Be Glad When You're Dead, You Rascal, You!*），阿姆斯特朗对快乐的嘲讽以立体的形式展示出来。短片讲述的是贝蒂·布普被食人族俘获，她的同伴试图营救她，他们与俘获贝蒂的食人族展开了一系列奇幻追逐场景，动画短片中的食人族原型是黑皮肤的非洲人形象。这一幕以阿姆斯特朗标志性的曲调开场，在曲子中他告诫一位男子不该和他的妻子鬼混。然而，阿姆斯特朗的玩笑、低声咆哮的歌词，使得贝蒂、保护者和食人族之间建立起一种恋爱般的三角关系。由于阿姆斯特朗清楚地表明他更希望贝蒂的“白人”保护者去死，而不是“非洲”俘虏者，因此避开了整部剧中的种族主义基调。事实上在剧中，阿姆斯特朗的脸出现在屏幕的上方，在无上的荣光中歌唱，他的脸偶尔与食人国王的头融合在一起。但这只是短暂的，阿姆斯特朗再次出现时，他又与绑架贝蒂的食人族站在一起。阿姆斯特朗既与卡通角色重合，又扮演讽刺评论员的角色。在故事中，他的表演随时可能变换立场。

阿姆斯特朗的多重立场在1956年发行的热门唱片《小刀麦克》（*Mack the Knife*）中达到顶峰。这首最近由马克·布利茨坦（Marc Blitzstein）再度翻译改编的曲子，最初出现在1928年柏林的《三分钱歌剧》（*Threepenny Opera*）中，由库尔特·威尔（Kurt Weill）作曲，阿多诺最喜欢讨论的现代主义艺术家贝托尔特·布莱希特（Bertolt Brecht）填词。事实上，就在威尔受到“爵士乐灵感”的启发，为《三分钱歌剧》创新谱曲时，阿姆斯特朗正忙于录制开创性的“七人热”（Hot Sevens）乐队作品，这些作品对后来的爵士乐有着巨大的影响。当阿姆斯特朗第一次听说罪犯麦克希斯（Macheath）的故事时，他想到在新奥尔良的家乡就有这样的人。这是个人的历史。他采用了布利茨坦改编的曲调，这也成为他的第一首主流热歌。虽然看起来阿姆斯特朗对这首歌的快节奏处理正是阿多诺所谴责的那种“快乐”的艺术，但必须指出的是，阿姆斯特朗所做的实际上完全忠于布莱希特/威尔的作品：它的类爵士乐特征（带有班卓琴弹奏）虽然在1928年尚属创新，但到了1956年已经完全过时了。如果不进行改编，相当于只用古乐器演奏莫扎特的作品。因此，阿姆斯特朗把它改编为爵士乐曲，甚至加入了班卓琴，虽然琴声很快消失在混音之中。[6]

在编曲中可以明显地看出与历史的互动。《三分钱歌剧》原版以麦克希斯的徘徊和主角波莉·皮查姆（Polly Peachum）的呼喊结束。阿姆斯特朗在一开始就认出了他："挖吧，伙计，小刀麦克走了！"然后，他用无声的小号，在模糊的木管乐器线上开始演奏，带着一丝严肃把我们引向这个故事。从那里，他开始发声。然而，阿姆斯特朗并没有按照剧本，基于第六和弦（E-G-A）以逐渐上扬的旋律演奏，他抛弃了上扬的过程，直接从最上面的音符A开始，仿佛他已经身处故事之中——事实确实如此。他演唱主歌的时候主要停留在那一个音符上，而不是每一乐句以新的词组开头。这意味着阿姆斯特朗表演的不是旋律，而是节奏——爵士乐本身的特点。他表现的是一种独立于旋律的反歌（countersong），而布莱希特也指出这种反歌对艺术材料进行批判性反思同样重要。[7]每段主歌都是来自与乐队的不同乐器展开的对话，而另一位小号手比利·凯尔（Billy Kyle）则在背景中提供了反旋律线（counter line）。

关键时刻在主歌之后来临。当歌声停止时，他转过身来，好像是对自己低声说："拿去吧，萨奇。"然后他演奏了一段装饰性的爵士独奏，无声的，接下来由他的全明星乐队伴奏，他们演奏了一段受迪克西兰风格（Dixieland）影响的最后一节主歌，进入多个环环相扣的旋律线。阿姆斯特朗提供了一个大师级的爵士乐版本，而库尔特·威尔的原作只是简装版而已。在整个过程中，我们看到了阿姆斯特朗破坏性的自我描绘。他快乐的声音模仿出无数文学作品和电影中的非洲裔美国人，他们是"快乐的"黑人奴隶或用人。随后，他以精湛的技艺将这些陈词滥调抛到一边。[8]在过渡部分，他敦促自己"拿去吧，萨奇"，这是在提醒我们，他的表演人格至少是双重的。他刚刚已经在演唱中"拿了它"，现在他又拿了一遍。这敦促是自言自语的，既是快乐的表演，又是自我评论。

阿姆斯特朗多层次的表演超越了阿多诺所谓的艺术作为颤动形式的概念。如果阿姆斯特朗的艺术效果仅仅通过生动的小号表演来实现，我们就可以把他归入阿多诺提及并摒弃的"快乐的"莫扎特之列。而阿姆斯特朗的独特之处来自歌曲、人声、评论、节奏、音效的相互作用。事实上，其大部分表演魅力来自一个层次的表演向另一层次之间的转换和跳跃。尽管阿姆斯特朗的高超技艺和愉悦气场可以将恐惧转化为欢乐，但他的演唱依然带着布鲁斯的悲伤。我们无从得知阿姆斯特朗这样一种表演性的变化是否符合阿多诺在艺术中所追求的“某种类似自由的东西”或“某种类似快乐的东西”。这在一定程度上是因为阿多诺认为快乐存在于风格和结构中，从某种意义上而言，阿多诺遵循了尼采认为传统快乐存在于艺术表面上的暴力观点。相比之下，对于阿姆斯特朗来说，快乐来自短暂的表演。此外，因为阿姆斯特朗是快乐的，同时又扮演一个乐观的角色，我们不可能忽视他的快乐，将其视为必要或仅仅是安慰。他提供了另一种有益的选择，以取代皮尔的“如何创造自己的幸福”，皮尔要求我们观察自己，并为自己惊叹。因为它是表演，而不仅仅是形式，它远离了阿多诺结构上根深蒂固的消极辩证法，走向某种更有活力的快乐，成为颠覆性的自我愉悦。在一个快乐被货币化的世界里，快乐成为操纵顾客的一种力量，阿姆斯特朗用无比热情的演奏，似乎一边演奏一边惊叹于快乐之强烈。[9]

阿姆斯特朗对自己表演人格的自嘲，使他具有多种人格，可以坚持自己的主张而不会引起感伤。这在1969年阿姆斯特朗出演的电影《你好，多莉！》(*Hello, Dolly!*)中体现得尤为明显。这部电影由芭芭拉·史翠珊(Barbra Streisand)主演，她在电影中扮演一位在世纪之交丧偶的媒人，正在寻找下一个男人。在高潮部分，她在哈米尼亚花园酒店（Harmonia Gardens）重返社交圈，在喧闹的舞台上昂首阔步，唱着主题曲。她转向咖啡馆乐团的指挥，后者背对着镜头站着，但很快观众就会发现他正是路易斯·阿姆斯特朗。阿姆斯特朗的事业在过去的十年中一直走下坡路，他之所以没有出现在大众的视野中，不仅是因为观众改变了口味，更是因为他的健康问题。因此，当史翠珊唱起杰瑞·赫尔曼（Jerry Herman）的歌词“回到属于我的地方真是太好了”，很明显，“回来”的不是多莉，而是阿姆斯特朗。阿姆斯特朗经常抱怨：“白人都叫我路易。”[10] 在这里，他一开口演唱，就唱出了自己的名字：“你好，多莉，/这是路易斯，多莉。”

这一时刻展现了阿姆斯特朗个性中的表演悖论。一方面，他回归了自我——路易斯；另一方面，他出现在一个虚拟的情境中，在他旁边傻笑的人假装是来自一个世纪前的女人。因此，他是扮演过去时代乐队指挥的路易斯，反之亦然。一个“真实的”爵士音乐家宣告真实的自我，以及一个假装来自另一个世纪的歌舞明星，两种身份集于一身，指向阿姆斯特朗自我展示的方式——他的快乐举止与表演的自我意识联系在一起，使他的身份具有双重性。阿姆斯特朗既在场又不在场，既是角色又是自我。在这两者之间不断的相互作用中，我们发现了快乐产生于呈现自我之中。这是一种自我解读，并不如皮尔所言，而是阿姆斯特朗的独创。

结　语

大流行时期的快乐

德国人打了胜仗。天哪，他们才是真正的战士。不过他们也完蛋了。我们都完蛋了。我说我得走了。我得回医院去。“再见。”他说。接着愉快地说：“万事顺利！”他对世界的悲观和对个人的乐观，形成了鲜明的对照。①

——欧内斯特·海明威（Ernest Hemingway），

《永别了武器》（*A Farewell to Arms*）

自文艺复兴以来，道德哲学家、宗教顾问、心理学家一直担心受负面情绪的影响。他们一直在试图治愈我们的抑郁和创伤，舒缓怀旧情绪，驱散忧郁。正如劳伦·伯兰特（Lauren Berlant）最近发表的观点，即使是乐观主义也已成为一种情感陷阱，让我们注定在一个不平等的社会中遭受挫折。[1]但是，据我所知，没有人认为快乐需要治愈。就连谨慎的哲学家斯宾诺莎也说快乐再多也不为过。也许正如我之前所言，

① 译者翻译。

这是因为快乐是一种温和的情绪。它从来没有使我们深陷其中，而是在人与人之间传播，并塑造人际互动与自我。我们可以对快乐的力量或能量善加利用，用以管理我们的情感生活。

这本书研究了快乐的两个方面：一方面，我们研究了作家和哲学家对快乐的看法，以及它作为一个关键术语或概念，如何在故事和哲学论辩中发挥作用；另一方面，我们研究了人们如何理解快乐，以及快乐有何作用。本书中的论证曲线正是这两个方面的反映。

在过去的5个世纪里，我们已经看到快乐扮演了许多角色，服务了许多主人。有时快乐是一个主题，有时它又是一种隐喻，在不同的体验之间建立了一种概念上的联系。例如，对于游吟诗人而言，快乐建立了诗歌与自然之间的联系。快乐形式多样，与动作、身体、面孔相互作用。对于诺里奇的朱利安而言，“快乐”是一种修辞力量，是一种代表绝对存在的形象；对于蒙田而言，快乐是一种表演方式；对于拉伯雷而言，快乐是一种治愈身体的阅读方式；对于宗教思想家而言，从鹿特丹的伊拉斯谟到约翰·多恩，快乐是一种情感上的补充，鼓励捐献行为，并使其得以完整；在莎士比亚戏剧中，快乐是一种诗歌手段，用以调和传统的文学体裁与新兴的宫廷政治；在简·奥斯丁的小说中，快乐赋予未来以情感内容，描绘了一个年轻女性走向成熟和顺从的成长轨迹，无论其是好还是坏；对于狄更斯而言，快乐是一种氛围，是女性目光中的一丝光芒，带给野心勃勃的男主人公攀登社会阶梯的动力；对于尼采而言，快乐是对深度艺术的强烈拒绝，是倡导表面的艺术——“整个奥林匹斯外观领域”；对于路易斯·阿姆斯特朗而言，这是一句旁白——“拿去吧，萨奇！”

以上解读快乐的方式也适用于解读我们现代人的情感生活。在现代早期，自我存在于快乐的团契之中。快乐可以治愈身体，也塑造着人物和文学情节之间的关系。随着启蒙运动时期的到来，快乐为一个注重谈话和经济交流的世界提供了一个理想模式。在新兴资本主义的文化中，快乐是一种个性特点。它在资产阶级个人主义的世界里不安地传播着，不适宜地落在野心勃勃、出身低微的主人公肩上。20世纪，它在新的职业生活与过时的社会实践之间起到调和作用。也许只有在表演领域，在路易斯·阿姆斯特朗这样人物的作品中，在具有讽刺意味的即兴表演和狂欢中，快乐还保留着精神力量，这些表演既记录了生活的苦难，又指出了快乐的作用，在歌声响起的那一刻，苦难被转移了。

长久以来，快乐几乎被文学评论家和思想史学家忽视了。然而，正如我们在本书前面章节中探讨过的，快乐叙事、对快乐态度的召唤以及对快乐的讨论，始终存在于小说、诗歌、戏剧、哲学散文中。快乐的故事与身体的故事紧密相连，也与我们如何控制和呈现面容和姿势相关联。同时，快乐也与群体的故事紧密相连，正是这些小群体点缀着西方虚构文学景观。随着工业化和后工业资本主义的发展，这些小群体渐渐消亡，或以新的形式存在，快乐被一再唤起，将人与人联系在一起，同时耗尽了自己的力量。你越是呼唤它，它似乎越是无能为力。然而，在整个快乐的故事中，快乐的语言——它的隐喻和意象——仍然保持着惊人的一致。童子军的美德让人想起中世纪骑士的慷慨，爱默生提倡的“欢乐”让我们想到伊拉斯谟的拉丁文词汇，尼采的“快乐”显然与路德互文。换言之，正如本书所呈现的，我们有一个快乐的反思或反思快乐的传统。今天的快乐让我们想起曾经的快乐场景。我们行走于神学之乐与自然之乐的遗产中。我们生活在快乐团契的魅影中。当代的快乐，即网络应用程序和拉拉队的欢乐，实际上是对于不复存在的团契精神的模仿。

如今，快乐可能是屏幕上闪烁的光。1963年，一位名叫哈维·鲍尔（Harvey Ball）的公关人员设计了一张圆圆的黄色笑脸，以鼓舞州立互助人寿保险公司（State Mutual Life Assurance Company）的士气。该公司内部杂志宣称：“微笑是会传染的。它是娱乐，也是良药。它是对友谊的滋养。”[2]鲍尔将人类的脸简化为一个圆圈，它的颜色比麦片圈要明亮，这个笑脸已经成为我们自己文化和历史时刻的象征。笑脸将人类电子化了，让我们为在线社交网络的出现做好准备，在这些网站中，人类也仅仅是数字而已。在雅茅斯的船屋，大卫·科波菲尔加入了裴果提家的小圈子，与之相比，数字网络是无边无际的，没有中心。现在要加入数字网络，并不需要捐献行为。它使人类的自我创造成为可能，这并不需要皮尔的积极思维，而只是通过同质化的“积极”表征，如加入“点赞”即可实现。对于阿姆斯特朗而言，极其有效的快乐的自我呈现，现在由于表情符号的出现，变得毫无用处。表情符号消除了快乐的载体——“面容”，只留下一张脸，也就是说，只留下了表面，如石头或手表的表面。

我之所以开始思考快乐的问题，是为了理解新的数字技术对文化生活的影响。2008年的金融危机在很大程度上是由快乐的经济学家推销毫无价值的金融产品引起的。数字文化随之跟进，让有尊严的工作消失，大肆宣传“零工”经济，用无形的社交网络取代群体，而且正如我在教学中所注意到的，用社交网站取代严肃的阅读。在本书的写作即将结束之际，全球面对疫情。在2020年3月的最后一天，我正在修改手稿，电视上出现了当时的美国总统，也是诺曼·文森特·皮尔公开的追随者，他公然宣称一些假药可以治愈患者，甚至能够拯救垂死挣扎的人。当新闻界质疑他的说法时，总统拒绝对自己的言行负责，并且宣称：“我是美国的拉拉队队长。”[3]这就是21世纪之初快乐存在的状态。无论接下来会发生什么，有些事情已经变了。

然而，大流行时代对生活的影响是，这一时代同样需要快乐，与此同时，大流行时代改变了冷冰冰的数字联结，使它人性化了。因为我们只能远程交流，表情符号文化的空洞已经让位于群体身份的真实表达，尽管这种表达往往是转瞬即逝的。事实上，在这个变化了的慢下来的世界中，快乐的转瞬即逝成为它的优势所在。这场大流行与启蒙运动时期谈话之乐的“传染性”有着残酷的相似之处，它是快乐的孵化器，并重塑了快乐。休谟认为快乐情感是一种狂热，它可以改变一个群体的情感基调，现在这一观点被颠覆了。现在的群体是通过自律、保持社交距离和适当的卫生习惯来巩固的。我们之所以能保持快乐，只是因为我们没有传染性，因为我们在保持距离。快乐弥合了因对感染的恐惧而带来的距离。疾病无法传播，因此快乐得以传播。由于我们既可以控制快乐，又可以通过谈话来获得快乐——无论是数字的还是其他的形式，快乐是让我们还保持人性的一个因素。数字工具在正常情况下对真正的快乐有着致命的威胁，而在大流行的日子里，它使得快乐的表达成为可能。因此，尽管存在着空间距离，并且快乐是通过数字网络传播，它仍然是表达关怀和关心的形式，可以提供远程帮助。虽然这些只是小心意，但也是心意的表达，与《圣经》中的"乐意捐献者"异曲同工，这些小心意意味着关怀和同情。这与当众宣称只要是"拉拉队队长"，那么说谎就不再是重要的行为，截然相反。此外，大流行让人们更加珍惜时间——我现在很安全，我的家人今天还健在——这会产生一种快乐的情绪，这种快乐的情绪可能也是我们所拥有的所剩不多的情感资源。在大流行之中重新找回快乐，这有些接近于简·奥斯丁在临终时表现出的"能屈能伸"的快乐。或许在网络空间，我们的快乐也可以能屈能伸。[4]

尽管一直以来被贬低、被忽视，快乐能够提供片刻的安慰和急难之时的接济。快乐至关重要的作用往往在危机时刻得以显现。在快乐文化的商业化和政治的虚假快乐之外，快乐是一种工具，正如蒙田笔下快乐的食人族所示，快乐可以通过坚持情感自由，让我们从束缚中解脱出来。即使在现代，快乐也应当是不容忽视的一种情感力量。它不是救世主的“希望”，也不是低级政客的“乐观主义”。快乐的承诺更加温和——帮你度过接下来的几个小时，帮你与邻居建立联系。你可能无法建立快乐政治学，但没有快乐，你可能无法重建一个世界。

致 谢

这本书的两个部分已在其他地方出版。第5章中的一部分早先发表于第30期《蒙田研究》(Montaigne Studies 30, 2018),该特刊由托德·里瑟(Todd Reeser)编辑。第3章的一部分曾发表于《欧洲现代早期的积极情绪》(*Positive Emotions in Early Modern Europe*)中,该书由布拉德·艾里什(Brad Irish)和凯西·缪拉(Cassie Miura)编辑,于2021年由曼彻斯特大学出版社出版。感谢这些出版物允许我转载这些材料。

这本书的写作是集体成果。在写作期间,许多同事和朋友帮助我厘清思路,确定主题和重点。当然,所有的错误和过失都由我来承担。

感谢所有支持我的朋友。我要感谢梅根·盖尔(Meighan Gale)、凯拉·西莫内(Kyra Simone)和区域图书出版公司(Zone Books)的工作人员,非常感谢他们的合作精神。同时也要感谢巴德·比纳克(Bud Bynack)的编辑工作、中肯的建议,拉蒙娜·纳达夫(Ramona Naddaff)堪称典范的编辑指导和学术友谊让我受益匪浅。

这本书的早期工作是在巴黎的高等研究院（Institut d'Études Avançées）完成的，对此我表示感谢。同时，巴黎大学（Sorbonne）海伦·梅林-凯曼（Hélène Merlin-Kajman）领导下的“过渡”（Transitions）研究小组，很早就邀请我介绍了这项工作的一些内容，并提出了真诚有益的评价。伯克利大学多琳·汤森人文科学中心（Doreen B. Townsend Center for the Humanities）的研究员们听取了我的工作报告，并帮助我厘清了思路。感谢C.D.布兰顿（C. D. Blanton）、布兰登·卡拉汉（Brandon Callahan）、佩妮·爱德华兹（Penny Edwards）、埃里克·法尔奇（Eric Falci）、雅各布·加布里（Jacob Gaboury）、塞西尔·吉斯科姆（Cecil Giscombe）、普丽娅·科塔里（Priya Kothari）、克里斯托弗·库茨（Christopher Kutz）、汉斯·斯拉格（Hans Sluga）、索菲·沃尔普（Sophie Volpp）。同时也要感谢我在中心的同事们：丽贝卡·埃格尔（Rebecca Egger）、科琳·巴罗佐（Colleen Barroso）、戴安娜·索珀（Diane Soper）、埃里克·科蒂拉（Eric Kotila）、亚历克斯·布罗斯托夫（Alex Brostoff），感谢他们的友谊和鼓励。

非常感谢凯瑟琳·伊贝特（Katherine Ibbett）和艾伦·谭斯曼（Alan Tansman），他们阅读了初稿并提出了许多意见、建议和批评。衷心感谢詹姆斯·波特（James Porter）和埃丝特·余（Esther Yu），他们是很有价值的读者和对话者，他们提出了许多建议，并帮助我明确了不同章节的论点。同时也要感谢凯思琳·克里姆（Kathryn Crim）和鲁品德·考尔（Rupinder Kaur），他们在百忙之中抽出时间，在本书写作过程中始终担任研究助理和思想伙伴。感谢我在伯克利的同事们：奥利弗·阿诺德（Oliver Arnold）、阿尔伯特·阿斯科利（Albert Ascoli）、苏珊娜·格拉克（Suzanne Guerlac）、维多利亚·卡恩（Victoria Kahn）、杰弗里·纳普（Jeffrey Knapp）、莱斯利·库尔克（Leslie Kurke）、尼克劳斯·拉吉尔（Niklaus Largier）、安东尼·朗（Anthony Long）、迈克尔·奈兰（Michael Nylan）、尼古拉斯·佩奇（Nicholas Paige）、乔安娜·皮乔托（Joanna Picciotto）、彼得·萨林斯（Peter Sahlins）、德巴拉提·萨尼亚（Debarati Sanyal）、伊桑·沙根（Ethan Shagan）、琳达·威廉姆斯（Linda Williams），他们在写作过程中提供了有益的信息和建议。还有远方的马丁·哈里斯（Martin Harries）、保罗·霍顿格雷伯（Paul Holdengräber）、弗吉尼亚·杰克逊（Virginia Jackson）、塞思·莱勒（Seth Lerer）、简·纽曼（Jane Newman）、大卫·昆特（David Quint），感谢他们的友谊、鼓励和建议。还要感谢亨利·A.小索尔韦恩（Henry A. Sauerwein Jr.），是他多年以来和我谈到游吟诗人和快乐的科学。

感谢我的父母格特鲁德·汉普顿（Gertrude Hampton）和拉尔夫·汉普顿（Ralph Hampton），还有我的妹妹凯西·卢汉（Kathy Lujan），她在我即将完成本书之际意外去世了。他们用不同的方式教会了我快乐和工作的道理，我在此向他们致以敬意。

最后，也是第一次，我衷心感谢杰西卡·莱文（Jessica Levine）、索菲亚·汉普顿（Sophia Hampton）、艾米丽·汉普顿（Emily Hampton），没有她们，我的世界将毫无快乐可言。

注释

引言 快乐——一种感染力，一种力量

[1] Robert Burton, *Anatomy of Melancholy*, ed. Floyd Dell and Paul Jordan–Smith (New York: Tudor Publishing, 1951), p. 525.这一章中蒙田的引文为自译。蒙田使用了"esjoursance"一词，即从事物中获得快乐的能力，这与拉丁语的"jocund"或意大利语的"giocosa"不无关系。

[2] Baruch Spinoza, *Ethics*, trans. Edwin Curley (London: Penguin Books, 1994), pp. 138–139.

[3] David Hume, *A Treatise of Human Nature*, ed. Ernest C. Mossner (Harmondsworth: Penguin, 1969)，p. 661. This is in book3, "*Of Morals*" .

[4] 关于西方传统中有关快乐的有趣记述，参见Daryl MacMahon, *Happiness: A History*（New York: Grove Press, 2006）。我的研究采取了一种完全不同的方法，聚焦于语言和意义的细微差别，而不是快乐的一般历史。快乐在情绪的讨论中被边缘化（或者更恰当地说是缺席），这可能说明情感是如何分类以及衡量的（比较随意），正如情感本身一样。因此，Amélie O. Rorty评论说："情感不会形成一个自然的阶级。通常困扰心灵哲学的一系列区别阻碍了对现象的良好描述。我们延续了主动和被动之间的区别，主要是由物理过程解释的心理状态和不能被物理过程还原或充分解释的心理状态之间的区别。"她指出某些现象并没有得到分析。See Rorty, "*Explaining Emotions*," in *Explaining Emotions*, ed. Amélie O. Rorty (Berkeley: University of California Press, 1980), p. 104. 最近的一些情感理论试图反驳这些区别。关于乐观主义，参见Lauren Berlant, *Cruel Optimism*（Durham: Duke University Press, 2011）。

[5] 此处参考文献不胜枚举，简史请参考Noga Arikha, *Passions and Tempers: A History of the Humours*（New York:

Harper, 2007)。关于激情，参见Susan James, *Passion and Action: The Emotions in Seventeenth-Century Philosophy* (Oxford: Oxford University Press,1997); Victoria Kahn, Neil Saccamano, and Daniela Coli, eds., *Politics and the Passions, 1500–1850* (Princeton: Princeton University Press, 2006); and Gail Kern Paster, Katherine Rowe, and Mary Floyd-Wilson等编, *Reading the Early Modern Passions* (Philadelphia: University of Pennsylvania Press, 2004)。关于激情和修辞的讨论，参见Gisèle Mathieu-Castellani, *La rhétorique des passions* (Paris: Presses Universitaires de France, 2000), and Daniel M. Gross, *The Secret History of Emotion: From Aristotle's "Rhetoric" to Modern Brain Science* (Chicago: University of Chicago Press, 2006)。

[6] Here is the original French "Le désir de paraître aimable conseille de prendre uneex-pression de gaieté, quelle que soit la disposition intérieure de l'âme; la physionomie influe par degrés sur ce qu'on éprouve, et ce qu'on fait pour plaire aux autres émousee bientôt en soi-même ce qu'on ressent." Madame de Staël, *De l'Allemagne*, ed. Simone Balayé (Paris: Flammarion, 1968), vol.1, pp. 103–104.译文为自译。

[7] 关于冥想与快乐和自我疗愈的联系，参见Nhãt Hạnh, *The Miracle of Mindfulness: A Manual on Meditation* (Boston: Beacon Press,1975) ,pp. 79–85。关于面容对自我生态的重要性，参见Bryan Kolb和Laughlin Taylor, "Facial Expression, Emotion, and Hemispheric Organization", 收录于 Richard D. Layne and Lynn Nadel合编, *Cognitive Neuroscience of Emotion* (Oxford: Oxford University Press, 2000) ,pp. 62–83。我将在第11章中详细介绍现代自助文学。

[8] See Michel Foucault, "Technologies of the Self," in *Foucault: Ethics*, ed. Paul Rabinow (New York: New Press, 1997), pp. 223–253.

[9] Melissa Greggand Gregory J. Seigworth, "An Inventory of Shimmers," introduction to Greggand Seigworth, eds., *The Affect Theory Reader* (Durham: Duke University Press, 2010), p. 1.关于情感的"中间性"，参见*Cinema 1: The Movement-Image*, trans. Hugh Tomlinson and Barbara Habberjam (Minneapolis: University of Minnesota Press, 1986), pp. 61–65。

[10] Sara Ahmed, "Happy Objects," in *The Affect Theory Reader*, p. 29. 关于Ahmed对其研究方法的详述，请参阅*The Promise of Happiness*（Durham: Duke University Press, 2010）。Also, Antonio Negri, "Value and Affect," trans. Michael Hardt, *boundary* 2 26.2 (1999), pp. 77–88。

[11] Ruth Leys, "The Turn to Affect: A Critique," *Critical Inquiry* 37.3(2011), p. 465. Leys的文章虽然在某些方面并非没有问题，但其中涉及几位情感研究学者的深度参与。后续讨论参见同一期刊的后面几期。

[12] See David Hume, *An Enquiry Concerning the Principles of Morals*, in *Enquiries Concerning Human Understanding and Concerning the Principles of Morals*, ed. P. H. Nidditch (Oxford: Clarendon Press of Oxford University Press, 1975), section 7, p. 250. 帕斯卡尔的部分，参见Blaise Pascal, *Pensées*, trans. Honor Levi（Oxford: Oxford World Classics, 1995）, no. 78, p. 17。帕斯卡尔悲观的法语原文如下："Les habiles par imagination se plaisent tout autrement à eux–mêmes que les prudents ne se peuvent raisonnablement plaire. Ils regardent les gens avec empire, ils disputent avec hardiesse et confiance, les autres avec crainte et défiance. Et cette gaieté de visage leur donne souvent l'avantage dans l'opinion des écoutants, tant les sages imaginaires ont de faveur auprès de leurs juges de même nature." Blaise Pascal, *Pensées*, ed. Philippe Sellier (Paris: Garnier, 1991), p. 174。有关爱默生的部分，参见Ralph Waldo Emerson, "Considerations by the

Way," in *The Conduct of Life, in Essays and Lectures*, ed. Joel Porte (New York: Library of America, 1983), p. 1089。

[13] 参见*Curiosities in chymistry, being new experiments and observations concerning the principles of natural bodies*（London: H. C.1691），词条 "Volatile Alcali"。类似建议参见Henry Dodwell，*A Treatise Concerning the Lawfulness of Instrumental Musick in Holy Offices*（sic）（London: William Haws, 1700），p. 36。在医学和道德写作中，这些都是常见的范式。

[14] Herman Melville, *Billy Budd, Foretopman*, in Melville, *Bartleby the Scrivener, Benito Cereno, Billy Budd, Foretopman* (New York: Quality Paperback Book Club, 1996), p. 220. 对这个故事的批评通常集中在比利对克拉格特的性吸引力或船上的群体政治。据我所知，没有人研究过比利常常因为快乐而鹤立鸡群，也没有人研究过这种快乐在故事世界中的破坏力。

[15] Seneca, "On the Tranquillity of Mind," in *Moral Essays, Volume II*, trans. John W. Basore, Loeb Classical Library 254 (Cambridge, MA: Harvard University Press, 19 51), 2.4, p. 215. 德谟克利特的话引自Diogenes Laertius, *Lives of Eminent Philosophers, Volume II*, R. D. Hicks译，Loeb Classical Library 185（Cambridge, MA: Harvard University Press, 1991），p. 455。另见塞涅卡在散文《论坚贞》（"De Constantia"）中对智者美德的论述："美德是自由的，不可侵犯的，不为所动的，不可动摇的，在机遇的打击面前如此坚强，以至于她不能被弯曲，更不用说被摧毁了。"她毫不畏缩地凝视着面前的刑具，她的表情丝毫没有变化，无论等待她的命运是艰难的还是幸福的。正是这种决心使得斯多葛学派在面对逆境时"兴高采烈"（laetus）。他让自己的生活"既不希冀又不恐惧"。Seneca, "On Firmness," in *Moral Essays, Volume I*, trans. John W. Basore, Loeb Classical Library 214 (Cambridge, MA: Harvard University Press, 1928), 5.5, p. 61; 9.3, pp. 75–77.

[16] 关于以书写情感史来理解“我们如何变得现代”的方法论困境，参见Peter N. Stearns, “Modern Patterns in Emotions History,” in Susan J. Matt and Peter N. Stearns, eds., *Doing Emotions History*（Urbana: University of Illinois Press, 2013）, pp. 17–40。本书旨在描述快乐在不同时刻的各种形式，以及它与其他类型话语的互动——它如何塑造和被塑造。关于欢乐（hilaritas）作为活泼交谈的特征，参见Seneca, “On the Tranquillity of Mind” 7.3, p. 239。

[17] 参见Michael Nylan, “Lots of Pleasure But Little Happiness,” *Philosophy East & West*, 65.1(2015), pp. 196–226, 以及她在*The Chinese Pleasure Book*（New York: Zone Books, 2019）第39页中的讨论。关于瑜伽传统，参见*The Yogic Aphorisms of Patanjali*, R. Mitra译（Calcutta, 1883）, pp. 40–42。我很感激戴梅可、普丽娅·科塔里、安东尼·朗、詹姆斯·波特帮助我厘清了现代的快乐理念与其在中国、瑜伽、罗马和古希腊语境中的区别。

[18] Obadiah Walker, *Of Education, Especially of Young Gentlemen* (Oxford,1673), p.239.

[19] Madeleine de Scudéry, *Clelia, An Excellent New Romance* (London: H. Herringman, 1678), book4, p. 491.法语原文中有“gay”“enjoument”“joy ye”三个词，参见*Clélie, histoire romaine*, 以Scudéry兄弟的名字出版，“Mr. de Scudéry,” 10 vols。(Paris: Augustin Courbé, 1658), vol8, part4, book2, pp. 751–52.本书第3章和第5章将详细介绍有关“快乐”的法语词汇。

[20] 关于文学研究作为进入早期文化的“意义世界”或世界意义的方式，参见Thomas M. Greene 的经典研究*The Light in Troy: Imitation and Discovery in Renaissance Poetry*（New Haven: Yale University Press, 1982）, pp. 1–3。Owen Barfield的*History in English Words*（London: Faber and Faber, 1953）对我亦有启发。

[21] 因此，在约翰·弗洛里奥所著的第一本意英字典*A World of Words*（London, 1598）中，列出“欢笑”（mirth）、“喜悦”（joy）、“安慰”（solace）、“消遣”（pastime）、“欢乐”（glee）和“玩乐”（sport）等词来定义快乐。随后他补充，快乐（allegrezza）也是一种胜利的游行，以小号和鼓乐为特色，暗示了超越了快乐的温和属性。

第一部分
现代早期的快乐

第一章 身体、天堂、家园：快乐之地

[1] See https://johnsonsdictionaryonline.org/views/search. php?term=cheer, Joan Corominas's *Diccionario crítico etimológico de la lengua castellana*, 4 vols.（Madrid: Gredos, 1954）第2卷第661页，其中承认围绕西班牙语单词“cara”的起源存在不确定性，该词最早出现在11世纪的《熙德之歌》（*Poem of the Cid*）中。拉丁语“cara”大概源自希腊语“kara”，在演化过程中大概存在其他“低级拉丁”版本，但约翰字典中并未提及。在Wilhelm Meyer–Lübke的*Romanisches Etymologisches WrterBuch*（Heidelberg: Carl Winter, 1992）中，将希腊语“kara”视为“cara”的词源，而略过其中的拉丁语变化。在*Le grand Robert de la Langue Française*（Paris: Robert, 1985）中，记录了法国人于1080年第一次使用“chiere”这个词。意大利语中也出现了“cera”一词，为“chiere”的另一变形。在转喻过程中，该词与表示蜡的词联系在一起，并用以表示雕塑中的面部蜡模，参见Christian Joseph Jagemann, *Dizionario italiano-tedesco*（Leipizig,1791），词条“cera”。感谢柏林大学的Sergius Kodera教授对这一词条的建议。

[2] Geoffrey Chaucer, *The Riverside Chaucer*, ed. Larry D. Benson et al.（Boston: Houghton Mifflin, 1987）, p.88, v.97.

[3] Ibid., p. 56, v. 2295; p. 60, v. 2586.

[4] Ibid., p. 89, v. 180.

[5] Chrétien de Troyes, *Romans*, ed. Michel Zink (Paris: Livre de Poche, 1994), p.572, v.2516. “羞红了脸的少女” 见*Cligès*（第2967—2968行），“痛苦的脸” 也出现在同一首诗第5614行。

[6] William Shakespeare, *The Sonnets and Narrative Poems* (New York: Alfred A. Knopf,1992), ed. William Burto, p.136, w.89–91.

[7] *The Showings of Julian of Norwich*, p. 108: “The blessydfull chere of oure Lorde God werkyth it in us by grace.” Tyrrell没有翻译最后一句话（第191页），我翻译补充了这句话。

[8] Margery Kempe, *The Book of Margery Kempe*（Oxford: Oxford University Press, 1940）， 由W. Butler–Bowdon翻译为现代英语，第54页。关于朱利安和坎普之间的异同，参见Nicholas Watson, “The Middle English Mystics,” 载于David Wallace编辑的 *The Cambridge History of Medieval English Literature*（Cambridge: Cambridge University Press, 2002）,第539–565页。

[9] Kempe, *The Book of Margery Kempe*, p. 153.

[10] Kempe, *The Book of Margery Kempe*, p. 133.

第二章 捐献的情感力量

[1] Myles Coverdale, *Biblia: The Bible, that is, the Holy Scripture of the Olde and New Testament, faithfully and truly translated out of Douche and Latyn in to Englishe* (London, 1535). 网上版本来自https://archive.org/details/CoverdaleBible1535_838/mode/2up。丁道尔的版本来自http://textusreceptusbibles.com。

[2] 拉丁文《圣经》来自Alberto Colunga和Laurentio Turrado的版 本：*Biblia Sacra*（Madrid: Biblioteca de Autores Cristianos, 1977）。所选希腊文部分来自Kurt Aland等编著的 *The Greek*

New Testament（Stuttgart: United Bible Societies,1977）。词汇参考用书：Charlton T. Lewis和Charles Short编著的*A Latin Dictionary*（Oxford: Oxford University Press, 1996），H. G. Liddell和R. Scott的*An Intermediate Greek-English Lexicon*，改编自两位作者的*Greek-English Lexicon*（Oxford: Clarendon Press of Oxford University Press,1986）第7版。

[3] 日内瓦和钦定版在此处的区别：日内瓦版本中为"人人心中所愿"，而钦定版还有"目的"一词。日内瓦版本参见https://studybible.info/Geneva。钦定版来自*The Reader's Bible*（London: Oxford University Press,1951）。关于路德部分参见*Neues Testament und Psalmen*（Stuttgart: Württembergische Bibelanstalt, 1968），第281页。

[4] See *La Bible en françoys: Sensuyt la Bible diligemment translatee de latin en françoys, auplus pres du vray texte, pour les gens qui nententendent latin, avec les sept Aages* (Lyon: O. Arnoullet, 1550). 加尔文关于快乐的记叙参见*Commentaires de M. Jehan Calvin sur toutes les Epistres de l'Apostre S. Paul*（Geneva: Badius,1557），第135页。本文可在通过以下日内瓦图书馆网址找到：https://www.e–rara.ch/gep_g/content/titleinfo/1751526。See alse *La Saincte Bible contenant le Vieil & Nouveau Testament* (Lyon: Sebastian Honorat, 1566) as well as *La Bible, qui est toute la saincte Escriture du Vieil et du Nouveau Testament* (Geneva: Berjon, 1605).

[5]《罗马书》中释义如下："Hilaritate gratiam officii conduplicet, ut quicquid facitis, velut ex alieno et ex animo facere videamini." Erasmus, *Opera omnia: emendatiora et auctiora ad optimas editiones, praecipue quas ipse Erasmus postremo curavit, summa fide exacta, doctorumque virorum notis illustrata,* 10 *vols.*（Hildesheim: GeorgOlms, 1962）1706年阿姆斯特丹再版，第7卷第818页。在《哥林多后书》中，他强调"捐献"必须发自内心，同上，第7卷第931页。

[6] 伊拉斯谟编辑的《箴言》首次出版于1508年，是当时学术界的畅销书。我查阅了让·克里斯托弗·萨拉丁（Jean-Christophe Saladin）的双语版《箴言》(*Les adages*)，5卷本，（Paris: Les Belles Lettres, 2013）1.8.91。

[7] *The seconde tome or volume of the Paraphrase of Erasmus upon the Newe Testament* (London, 1548), trans, Myles Coverdale. 如书中所引，同样的词语出现在伊拉斯谟对《哥林多后书》的批注中。伊拉斯谟把上帝喜爱"快乐的给予者"描述为"atqui hilarem datorem Amat deus"，而科弗代尔忠实地翻译为"神喜爱乐意的捐献者"，这一表述被钦定版逐字采用。伊拉斯谟加入"在上帝的眼中，一个勉强尽责的人等于不尽责"。对于加尔文而言，上帝之眼将投射为人类的歧视。

[8] 科弗代尔在此用了两个词（"乐意""欢喜"）而不是一个，看似是过度修饰，实则存在细微的差别，这也是前文中提到的语言学家所谓双名词的又一佐证。它也是文艺复兴时期常见的修辞技巧，亦被称为繁复的风格。它的重要之处在于，这不仅是词语的增加，而且将快乐的焦点从传统的捐献或慷慨之内涵转移到脸部，使其具有社交关系的内涵。乐意捐献即呈现出一种特定的面容表情。

[9] 除另有说明外，下文中加尔文的英文版本来自约翰·欧文（John Owen）的译本（Edinburgh: Calvin Translation Society,1849），可在自由图书馆（Library of Liberty）在线查阅：https://oll.libertyfund.org。此处引文是我根据法语版自译的，参见*Commentaires*, p. 393。该文本可通过日内瓦图书馆的www.e-rara.ch 倡议在网上找到：https://www.e-rara.ch/gep_g/content/zoom/239677。拉丁引文来自*Ioannis Calvini opera exegetica: Commentarii in secundam Pauli Epistolam ad Corinthios*, ed. Helmut Feld, 16 vols.（Geneva: Droz, 1994）。此处引文来自第15卷第153页。加尔文的文本有法语和拉丁文版本，为了研究

关键段落中两种语言之间的重复与区别，以下为法语版本，其中穿插了一些拉丁文："Quand il ditque Dieu aime celuy qui donne joyeusement il signifie au contraire que Dieu rejette ceuxqui donnent à regret et en chichete: [Nam quum docet hilarem datorem a Deo diligi, exadverso malignos et coactos respui significat] car il ne veut point dominer sur nous comme un tyran [neque enim instar tiranni vult nobis imperare, sed sicuti patrem nobis se exhibet] : mais tout ainsi qu'il se demonstre nous estre Pere, aussi requiert–il de nous une obeisance filiale, qui soit prompte et franche."

[10] 我的译文来自法语版本："Il veut que le service qu'ils feront selon leur charge, soit avec liesse et alaigreté, de peur que s'ils y procedent avec chagrin ouquelque contenance desdaigneuse, cela ne face perdre toute grace a leur service, commesouvent il en advient." Calvin, *Commentaires*, p. 135. 我们注意到在翻译过程中采用了加词法，如"hilaritas"被译为"liesse et alaigreté"，后者在法语中增加了"美丽而短暂"的含义，与拉丁文词汇"alacritas"、意大利语词汇"allegrezza"以及西班牙语词汇"alegría"产生词义联系。

[11] Richard Hooker, "A Learned Sermon of the Nature of Pride," in *The Works of That Learned and Judicious Divine Mr. Richard Hooker*, ed. John Keble, 7th rev. ed., 3 vols. (Oxford: Clarendon Press of Oxford University Press, 1888), vol. 3, p.631，可在自由图书馆在线查阅：https://oll.libertyfund.org/titles/hooker–the–works–of–richard–hooker–vol–3。

[12] Richard Hooker, "A Sermon, Found Among the Papers of Bishop Andrews," in *The Works of That Learned and Judicious Divine Mr. Richard Hooker*, vol. 3, p. 702, https://oll.libertyfund.org/title/keble–the–works–of–richard–hooker–vol–3.

[13] 自译。"Je prens icy joye, non pas comme elle est prise au 14 des Romains, ch. 17, mais pour une façon de faire joyeuse,

ou une alaigreté que nous démontrons envers notre prochain laquelle est contraire à chagrin." 加尔文这一段参见 *Commentaires*，第476页。加尔文在富有影响力的《保罗书信》评注中强调积极的喜乐。

[14] John Donne, *A Sermon of Commemoration of the Lady Danvers, late Wife of Sir John Danvers. Preached at Chilsey, where she was lately buried. By John Donne Dean of St. Pauls, London.* 1 *July* 1627. 可通过杨百翰大学图书馆（Brigham Young University Library）的数字馆藏查阅：https://contentdm.lib.byu.edu/digital/collection/JohnDonne/id/3240/。感谢Ethan H. Shagan在其著作 *The Rule of Moderation: Violence, Religion and the Politics of Restraint in Early Modern England*（Cambridge: Cambridge University Press, 2011）中为我找到这篇文章指明了方向。

[15] John Donne, Sermon on Psalm 38.2, delivered at Lincoln's Inn in 16 22, in *The Sermons of John Donne*, ed. by George R. Potter and Evelyn M. Simpson,10 vols. (Berkeley: University of California Press,1953–1962), vol. 2, p. 50.

第三章 良药、礼仪、读物养生法

[1] See Michel Foucault, *Security, Territory, Population: Lectures at the Collège de France, 1977–1978*, trans. Graham Burchell (New York: Picador, 2007).

[2] This is from book 30 of the *Problems* 953b1, trans. E. S. Forster, in The Complete Works of Aristotle: The Revised Oxford Translation, ed. Jonathan Barnes, 2vols. (Princeton: Princeton University Press,1984), vol. 2, pp.1499–1501. 有关幽默传统的简史，请参阅Noga Arikha, *Passions and Tempers: A History of the Humours*（New York: Harper Books, 2007）。对于文艺复兴时期文学中幽默问题的有益扩展，请参阅Gail Kern Paster, *Humoring the Body: Emotions and the Shakespearean Stage*（Chicago: University of Chicago Press, 2004）。

[3] Timothy Bright, *A Treatise of Melancholy: Contayning the causes thereof, and reasons of the straunge effects it worketh in our minds and bodies* (London: John Windet,1586), p. 38.

[4] Ibid., p. 160

[5] Ibid., pp. 241 and 247.

[6] Levinus Lemnius, *Touchstone of Complexions*, trans. Thomas Newton（London, 1576）, 第156页，通过牛津大学文本档案馆（University of Oxford Text Archive）访问：https://ota.bodleian.ox.ac.uk/repository/xmlui/handle/20.500.12024/A05313。拉丁原文重复了我们前文中的短语："hilaritas""omnia hilariter tanfacta sunt""magna alacritatis indicia"。参见Lemnius, *De habitu et constitutione corporis*（Antwerp: Guilielmum Simonem, 1561），第144页。牛顿在翻译中，通过将不相关的动词"cherish"（来自法语词汇"cher"，意思是"亲爱的"）改为"cheerish"，很好地扩展了快乐的范围。关于快乐的气象学原因，也可参见罗伯特·伯顿（Robert Burton）对莱姆尼乌斯的引用："如果西风吹来，天气平静，或者是晴朗的一天，人们的头脑中就会有一种愉快的感觉，它使人和动物都感到振奋。" Robert Burton, *The Anatomy of Melancholy*, ed. Floyd Dell and Paul Jordan-Smith (New York: Tudor Publishing, 1951), p. 30.当然，关于现代早期忧郁症的文献现存很多，从医学理论史研究到对诗歌起源的精神分析，不一而足。最近有一项研究认为忧郁是这一时期的主要情绪，请参阅Barbara H. Rosenwein, *Generations of Feeling: A History of Emotions,* 600–1700 (Cambridge: Cambridge University Press, 2016), chapter 8。

[7] William Salmon, *The Family Dictionary, or Houshold Companion* (London: W. Rhodes, 1696), s.v. "Powder to Create Cheerfulness." 感谢Katie Kadue为我提供文献参考信息，也感谢她即将出版关于人文主义物质劳动的著作：*Domestic Georgic: The Poetics of Preservative: Labors of*

Preservation from Rabelais to Milton（Chicago: University of Chicago Press, 2021）。

[8] "Mentem sibi bene consciam, et ingenium liberale prae se serens." Erasmus, *De civilitate morum puerilium* (Basel: Froben, 1534), p. 3, verso. 在对于伊拉斯谟的著作及其影响的思考方面，感谢Norbert Elias的经典研究：*The Civilizing Process, trans. Edmund Jephcott*（New York: Pantheon, 1982），以及最近出版的Harry Berger Jr.: *Fictions of the Pose: Rembrandt against the Italian Renaissance*（Stanford: Stanford University Press, 2000）。一个世纪后，法国医生Cureau de la Chambre关于伊拉斯谟所谓安详的额头提出质疑。他说光滑的额头会变大："Il semble qu'il s'ouvre et s'etende de tous costez." 他说这似乎意味着在笑。由于笑声和惊喜之间存在着联系，他便摒弃了这一想法。请 参 阅Cureau de la Chambre, Les characteres des passions（Paris: chez P. Rocolet,1660），s.v. "Joye"。

[9] See Erasmus, *Opus Epistolarum Des. Erasmi Roterdami*, ed. P. S. Allen, 12 vols. (Oxford: Clarendon Press of Oxford University Press, 1906–1958), vol.2, p. 576. 书信的日期为1517年5月30日，这一逸事在以下文献中亦有讨论：Simon Goldhill, *Who Needs Greek?: Contests in the Cultural History of Hellenism*（Cambridge: Cambridge University Press, 2002），pp.17–21。莱姆尼乌斯也提出了类似的观点，请参阅*Touchstone of Complexions*，第36页："圆圆的头没有棱角，头发是栗褐色，额头光洁愉悦，没有皱纹，眉毛如画，眼神和蔼，引人注目而不空洞，眼睛的颜色清新甜美，令人愉悦。"

[10] Here is the entire phrase："à plus hault sens interpreter ce que par adventure cuidiez dict en gayeté de cueur." François Rabelais, *Gargantua,* in *Oeuvres complètes*, ed. Pierre Jourda, 2vols. (Paris: Garnier, 1963), vol. 1, 7. 拉伯雷的相关译文均为自译。

[11] Ibid., p. 9.

[12] Saint Augustine, *On Christian Doctrine,* trans. D. W. Robertson Jr. (New York: Bobbs–Merrill, 1958), book1, section 36, p. 30.奥古斯丁随后在书中提及阅读中的一个棘手问题，即如何理解《圣经》中经常令人困惑的隐喻，并提出了以下建议："因此，在考虑比喻表达时，要遵循这样一个规则，即认真审阅所读内容，如果是对于团契捐献有益的道理，即为正确。"请参阅第2册第15节第93页。

[13] 同上，第3卷第2、第3节，第79—83页。当然，以"体会出最高深的意义"来解释事件的概念也是斯多葛学派的老生常谈。参见Seneca的"On the Tranquillity of the Soul"，载　于*Moral Essays, Volume II*, trans. John W. Basore, Loeb Classical Library 254 (Cambridge, MA: Harvard University Press, 1951), 14.2, p. 269。塞涅卡谈到"即使处于逆境之中"，也要以善意去揣度—— "etiam adversa benigne interpretetur." 普鲁塔克也提出了类似的观点，请参阅其散文"On Tranquillity of Mind," Plutarch's *Moralia, Volume VI*, trans. W. C. Helmbold, Loeb Classical Library469 (Cambridge, MA: Harvard University Press, 1962) , p. 191。我猜想圣奥古斯丁的学说是建立在这种道德传统的基础上，他把这种道德传统变成一种针对书面文本的诠释学，而拉伯雷的观点又建立在奥古斯丁的基础之上。

[14]《第三部》中的法语原文为："Une forme specificque et propriété individuale, laquelle nos majeurs nommoient Pantagruelisme, moienant laquelle jamais en maulvaise partie ne prendront choses quelconques ilz congnoistront sourdre de bon, franc et loyal courage." 参见Rabelais, *Oeuvres complètes*, vol. 1, p. 401。我注意到"快乐"的词源是多样的，其拉丁文词源为"cognomen Gaius"（来自gaudeo，意为享受），但大多数词源学家都将其追溯到古高地德语中的"wahi"，意为"美丽的"。关于拉伯雷作品中群体与虚构之间关系的转变，参见Timothy Hampton, *Literature and Nation in the Sixteenth Century: Inventing Renaissance France* (Ithaca: Cornell University Press, 2000), 第2、第3章。

[15] Rabelais, *Oeuvres complètes*, vol.2, p. 14.

[16] Ibid., p. 12.

[17] 同上，第232、第233页。这一幕在第64章和第65章展开。

[18] Rabelais, *Oeuvres complètes*, vol.2, p.239.关于这一插曲与16世纪的阅读和旅行主题之家的关系，请参阅Wes Williams, *Monsters and Their Meanings in Early Modern Culture: Mighty Magic* (Oxford: Oxford University Press, 2011)，Chapter 1。

第四章　莎士比亚及快乐的政治

[1] *The Courtyer of Count Baldessar Castilio* (London, 1561), n.p.，University of Oregon：https://scholarsbank.uoregon.edu/xmlui/bitstream/handle/1794/671/courtier.pdf. 这出现在《廷臣论》第3卷的开篇。其意大利语版，请参阅Carlo Cordié, *Opere di Baldassare Castiglione, Giovanni Della Casa, Benvenuto Cellini*（Milan: Ricciardi, 1960）, p.214。在思考快乐和社交能力之间的关系时，我们可能会注意到，在法国文艺复兴时期的交谈中，女性人物经常会向对话者说“d'un visage riant”。［感谢乌尔里希·兰格（Ullrich Langer）给我的启发。］显然，快乐的性别化是其中的一个重要方面。随后在简·奥斯丁的章节中，我会更详细地讨论这个问题。

[2] 伪装可以是负面的，也可以是正面的。Stefano Guazzo的*La civil conversazione*（Venice, 1574），是欧洲宫廷指南类的后期著作，其中以玛格丽塔·斯坦加（Margherita Stanga）为例，她生性活泼，但表现出“温和的个性”以符合社会期望。Guazzo引用了纪念她的诗，以强调她的面容和灵魂之间的分离。乔治·佩蒂（George Pettie）于1581年出版的英文版中，提及她“愉快的”眼睛和面部表情，请参阅*The ciuile conuersation of M. Steeuen Guazzo......* (London: Richard Watkins,1581)，p. 20。我通过早期英语图书在线数字合作伙伴关系，在以下网址查阅了这篇文章：https://

quod.lib.umich. edu/e/eebo/A02291.0001.001?view=toc。

[3] 通过词语搜索可以发现，"快乐"一词出现频率最高的莎士比亚剧目是早期的闹剧《错误的喜剧》(*The Comedy of Errors*)。在那里，我们看到以弗所的安提弗罗（Antipholus of Ephesus）拒绝进入自己的家，因为那是"快乐"（作为食物）的住所。然而，正如我将在下文中谈到，只有在莎士比亚后期作品中，才能看到快乐的更宽泛的含义。关于莎士比亚与现代早期气质论的接触，请参阅Gail Kern Paster, *Humoring the Body: Emotions and the Shakespearean Stage*（Chicago: University of Chicago Press, 2004）。

[4] William Shakespeare, *King Richard III*, ed. Antony Hammond (London: Routledge, 1994). 所有场景和行号将在括号中注明。

[5] Holinshed's Chronicles, in the Oxford World Classics edition of *Richard III*, ed. John Jowett (Oxford: Oxford University Press, 2000) p.330.

[6] 大卫·斯科特·卡斯坦（David Scott Kastan）认为，情节和历史在《理查三世》中是通过身体表达出来的，即"理查德的残疾是可以接受的。作为历史本身的标志，残疾的身体代表历史对过去的扭曲"。在这个唯物主义视角下，我们在思考其体裁时，也许应该关注其中情感词汇的变化，以及表示情感的语言（本身与身体相关）的出现和消失。请参阅卡斯坦充满洞见的文章"Shakespeare and English History"，载于Margreta de Grazia、Stanley Wells等编辑的*The Cambridge Companion to Shakespeare*（Cambridge: Cambridge University Press, 2001），第180页。斯蒂芬·格林布拉特（Stephen Greenblatt）认为，理查德自省的场景说明了暴君形象的"绝对孤独"，如以下文献中麦克白的例子所示，这与失去快乐有关。请参阅Greenblatt, *Tyrant: Shakespeare on Power*（London: Bodley Head, 2018），第92页。

[7] William Shakespeare, *Macbeth*, ed. Kenneth Muir (London: Methuen, 1980), 3.4.32–36.

[8] William Shakespeare, *Hamlet*, ed. Harold Jenkins (London: Methuen, 1982), 1. 2. 115–17.

[9] Ibid., 3.2.157-159.

[10] William Shakespeare, *As You Like It*, ed. Agnes Latham (London: Routledge, 1994).

[11] William Shakespeare, *Romeo and Juliet*, ed. Brian Gibbons (London: Methuen, 1980), 2. 3. 3.

[12] William Shakespeare, *A Midsummer Night's Dream*, ed. Harold F. Brooks (London: Methuen, 1979).

[13] Sara Ahmed, *The Promise of Happiness* (Durham: Duke University Press, 2010), pp. 41–42.

[14] See Northrop Frye, *Northrop Frye on Shakespeare* (New Haven: Yale University Press, 1986), p. 172. 塞思・莱勒（Seth Lerer）最近的研究将《暴风雨》解读为"重述过去的尝试"，请参阅 Lerer, *Shakespeare's Lyric Stage: Myth, Music, and Poetry in the Last Plays*（Chicago: University of Chicago Press, 2018），p.59。

[15] William Shakespeare, *The Tempest*, ed. Frank Kermode (London: Methuen, 1989), 1.1.5.

第五章　蒙田及快乐的自我

[1] 蒙田相关引用来自 *The Complete Essays of Montaigne*, trans. Donald Frame（Stanford: Stanford University Press, 1958）。在此我用更准确的"social"代替原文中的"sociable"。法语版来自 Michel de Montaigne, *Oeuvres complètes*, eds. Albert Thibaudet and Maurice Rat（Paris: Gallimard, 1962）。必要时我用常用的a、b、c指代蒙田文本的不同"层次"。这本书在

1580年、1588年、1594年均有扩充版。书中引用约翰·弗洛里奥的翻译，是为了说明蒙田的用语有着更广泛的含义，请参阅*The Essayes of Montaigne*（New York: Modern Library, n.d.）。

[2] Here is the French："Ce que je ne voy de la premiere charge, je le voy moins en m'y obstinant. Je ne fais rien sans gayeté; et la continuation [c] et la contention trop ferme [b] esbloüit mon jugement, l'attriste et le lasse. [c] Ma veüe s'y confond et s'y dissipe" (p. 389).

[3] "C'est pitié d'estre en lieu où tout ce que vous voyez vous embesogne et vous concerne. Et me semble jouyr plus gayement les plaisirs d'une maison estrangere, et y apporter le goust plus naïf" (p. 928).

[4] "Celuy qui n'y employe que son jugement et son adresse, il y procede plus gayement: il feinct, il ploye, il differe tout à son aise, selon le besoingdes occasions ... il marche toujours la bride a la main" (p. 985b).

[5] 理查德·利克（Richard Leake）对《随笔集》所做的用语索引表明，"面容"（contenance）这个名词常常被形容词"快乐的"（gaye）修饰，这两个词连在一起出现了4次。在《随笔集》中，"gaie"出现了12次。Richard Leake, *Concordance des Essais de Montaigne*, 2vols.（Geneva: Droz, 1981），vol.1, p.560. 关于蒙田对身体的描述，有两个极好的讨论：Jean Starobinski, *Montaigne in Motion*, trans. Arthur Goldhammer（Chicago: University of Chicago Press, 1985），chapter 4；David Quint, *Montaigne and the Quality of Mercy*（Princeton: Princeton University Press, 1998），chapter 4。借此机会，我纠正一下本人之前对蒙田作品中"脸"的讨论，在*History: The Rhetoric of Exemplarity in Renaissance Literature*（Ithaca: Cornell University Press, 1990）第4章中，我选用的是"visage"一词。

[6] 让·尼科特（Jean Nicot）在1606年出版的法文/拉丁文先锋词典中，将“面容”定义为性情和身体及面部的“主要特征”，拉丁原文为“vultus membrorumque corporis compositio, status”。接下来尼科特将其同拉丁词汇“continentia”联系起来，即“刚毅”（constancy）。兰德尔·科特格雷夫（Randle Cotgrave）在1611年出版的《法语和英语方言词典》（*French and English Tongues*）中，进一步扩大了二者之间的联系，指出这个词的意思是“姿势”或“形式”，它可以表示腰带上佩戴的镜子，用来检查自己的外表。请参阅Cotgrave, *Dictionarie of the French and English Tongues*, ed. William S. Woods（Columbia: University of South Carolina Press, 1968）。在第一批英文/拉丁文词典中，托马斯·托马斯（Thomas Thomas）于1587年出版的*Dictionarium linguae Latinae et Anglicanae*，将“the cheer”和“countenance”列为拉丁文“facies”的同义词，意为“脸”（face）。

[7] 本书选用的蒙田译本为富有影响力的约翰·弗洛里奥版本，其中“gaieté”大多译为“快乐”。这个词暗指“脸”，无论从词源学还是从蒙田的主题角度，它都指“面容”。弗洛里奥的翻译同其他翻译一样，在语义上是不精确的，但指脸部是正确的。它抹去了蒙田笔下主体之轻快自由，又回到英国新教徒神学意义上的“乐意”捐献。弗洛里奥有时会调和蒙田用语中的极端含义，从而对翻译蒙田有所助益。因此，蒙田庆祝的是雅典青年的“gayeté”（第165a页），他说这是神的领地；在新教徒弗洛里奥看来，这是对他们“娱乐和消遣”的赞扬（第128页）。这些词语的选择可以说明弗洛里奥在其译本中，如何抵消蒙田语言的破坏性力量。弗洛里奥的版本显示出一种摆脱常规和苦差的自由，但局限于有限的社会礼仪和政治义务。

[8] Jean de la Fontaine, *Fables*, ed. Marc Fumaroli (Paris: Livre de Poche, 1985)，p. 7. 自译。

[9] Joseph-Antoine-Joachim Cerutti, *Discours sur la question*

proposée par l'Académie des Jeux floraux pour l'année 1761: *La lumière des lettres n'a-t-elle pas plus fait contre la fureur des duels que l'autorité des lois* (Paris: chez Aimé Delaroche,1761), p.56.塞鲁蒂（Cerutti）是米拉波（Mirabeau）的朋友，也是革命年代报纸《农村报》(*La Feuille villageoise*）的编辑。关于性格的小册子在他职业生涯的早期就已经出版了。关于塞鲁蒂及18世纪巴黎的快乐主题，请参阅Colin Jones, *The Smile Revolution in Eighteenth-Century Paris*（Oxford: Oxford University Press, 2014），第88–97页。

[10] Cerutti, *Discours sur la question proposée par l'Académie des Jeux floraux pour l'année* 1761, p. 56.

[11] "Le désir de paraître aimable conseille de prendre une expression de gaieté, quelle que soit la disposition intérieure de l'âme; la physionomie influe par degrés sur ce qu'on éprouve, et ce qu'on fait pour plaire aux autres émousee bientôt en soi-même ce qu'on ressent." Madame de Staël, *De l'Allemagne*, ed. Simone Balayé, 2vols. (Paris: Flammarion, 1968), vol. 1, pp. 103–104, 自译。关于法国人在旧政权期间对谈话的痴迷，请参阅Alain Viala, *La France galante* (Paris: Presses Universitaires de France, 2004)，第4章。

第二部分
快乐经济学与资产阶级文化

第六章 社会美德及启蒙运动时期的情感：休谟和斯密

[1] Teresa Brennan, *The Transmission of Affect* (Ithaca: Cornell University Press, 2004)，p.18.布伦南在第3章中通过"内外偶联"（entrainment）[①]这一群体心理学词汇来研究19世纪晚期情感的集体体验。科林·琼斯（Colin Jones）曾对18世纪巴黎的快乐生活有过描述，请参阅*The Smile Revolution in Eighteenth-Century Paris*（Oxford: Oxford

---

① 自我节律与他者节律的偶联，使两者处于一致的周期性变化中。

University Press, 2014），第4章。

[2] Baruch Spinoza, *Ethics*, trans. Edwin Curley (London: Penguin Books, 1994)，pp.159 and 200。有关斯宾诺莎的拉丁文原文出自法语双语版本*Éthique*, ed. Bernard Pautrat（Paris: Éditions du Seuil, 1988）。

[3] 关于斯宾诺莎强调情感的局部性或透视性，及其对政治和群体经验的含义，请参阅Rosi Braidotti, *Transpositions: On Nomadic Ethics*（London: Polity, 2006），第146–163页。Braidotti继续通过分析Deleuze 和Virginia Woolf，提出“快乐肯定的伦理”（第198页）。快乐似乎并不在她的思考范围之内。Don Garrett是少数提到斯宾诺莎对快乐感兴趣的评论家之一，参见“Spinoza's Ethical Theory,” in Don Garrett, ed., *The Cambridge Companion to Spinoza*（Cambridge: Cambridge University Press, 1996），第278–282页。斯宾诺莎使用“hilaritas”一词使人想起了武加大《圣经》译本。然而，要理解这一概念语义的不确定性，值得关注的流传最广的西班牙译本：Vidal Peña, *Ética*（Madrid: Editora Nacional, 1984），其中这个术语出现了交替出现的两种译法：表示快乐的“alegría”（如第245页），以及不太常用的“regocijo”（第309页，与第245页交叉引用）。后一个词来源于动词“gozar”，意为“去享受”。

[4] Michael McKeon, *The Secret History of Domesticity: Public, Private, and the Division of Knowledge* (Baltimore: Johns Hopkins University Press, 2005), p. 376.

[5] David Hume, *Enquiries Concerning Human Understanding and Concerning the Principles of Morals,* ed. P. H. Nidditch (Oxford: Clarendon Press of Oxford University Press, 1975), p.268, his italics.

[6] David Hume, *A Treatise of Human Nature,* ed. Ernest C. Mossner (Harmondsworth: Penguin Books,1969), p. 661.

[7] 关于同情的作用方面，现存大量文献。关于启蒙运动时期的同胞感的前史，请参阅Katherine Ibbett, *Compassion's Edge: Fellow-Feeling and Its Limits in Early Modern France*（Philadelphia: University of Pennsylvania Press, 2018），特别是第3章。关于文学传统中的同情，请参阅David Marshall, *The Surprising Effects of Sympathy: Marivaux, Diderot, Rousseau, and Mary Shelley*（Chicago: University of Chicago Press, 1988），引言和第1章。关于休谟、斯密以及同情，请参阅Rae Greiner, *Sympathetic Realism in Nineteenth-Century British Fiction*（Baltimore: Johns Hopkins University Press, 2012），　第1章；Evan Gottlieb, *Feeling British: Sympathy and National Identity in Scottish and English Writing, 1707–1832*（Lewisburg: Bucknell University Press, 2007），第1章。有关同情的非文学性文献请参阅Christel Fricke, "Adam Smith: The Sympathetic Process and the Origin and Function of Conscience," in Christopher J. Berry, Maria Pia Paganelli, and Craig Smith, eds., *The Oxford Handbook of Adam Smith* (Oxford: Oxford University Press, 2013)，第179—200页；Duncan Kelly, "Adam Smith and the Limits of Sympathy"，同卷第201–218页。有关政治主体性和同情的讨论，请参阅Victoria Kahn, *Wayward Contracts: The Crisis of Political Obligation in England, 1640–1674* (Princeton: Princeton University Press, 2004)，第9章。阿拉斯代尔·麦金太尔（Alasdair MacIntyre）认为，在休谟和斯密看来，同情是一种力量，它可以弥合一般道德规则与我们"波动的、受环境支配的欲望、情感和利益"之间的差距。"但这种鸿沟当然在逻辑上是不可逾越的，休谟和斯密使用的'同情'是哲学小说的名称。"请参阅*After Virtue: A Study in Moral Theory*（South Bend: Notre Dame University Press,1984），第49页。这两位哲学家的重要区别在于，对于休谟而言，同情似乎是不自觉的；而对于斯密而言，同情涉及观察者的道德力量。

[8] 关于休谟所言他人之激情与个人之感性之间的关系，请参阅Elizabeth S. Radcliffe, *Hume, Passion, and Action*（Oxford:

Oxford University Press, 2018），第155—176页。然而，拉德克利夫（Radcliffe）更关注个人方面，而不是社会互动。

[9] 有关这一过程的更为温和的记叙，请参阅Louis–Nicolas Bescherelle，*L'art de briller en société*，1851。Bescherelle对两种欢乐进行了区分，一种既吵闹又惹人讨厌（我们有时称之为"欢笑"）；另一种则更加宜人，它"悄悄潜入"人群之中，"在座的每个人都感受到快乐并使之愈加浓烈"。请参阅Pierre Assouline，Bescherelle's popular guide to success in society（Paris: Flammarion, 2014），词条"Gaieté"译文为自译。

[10] David Hume, *Selected Essays*, ed. Stephen Copely (Oxford: Oxford World's Classics, 2008), p. 79.

[11] 休谟文中说的是卡斯蒂廖内和"格雷蒂安"。然而，很明显他心中所想的应该是西班牙巴洛克道德家巴尔塔萨·格雷西安（Baltasar Gracián），其美德著作《英雄》《审判的人》《世俗智慧的艺术》在17、18世纪的欧洲极受欢迎，而不是那个12世纪教会法的编纂者格雷蒂安。

[12] Adam Smith, *The Wealth of Nations*, ed. J. C. Bullock (New York: Barnes and Noble, 2004), p. 69.

[13] 这里提到的是Bernardino Ramazzini，他关于职业病的书*De Morbus Artificium Diatriba*于1700年出版。

[14] Adam Smith, *The Theory of Moral Sentiments*, ed. Ryan Patrick Hanley (London: Penguin Books, 2009), p. 59.

[15] 有趣的是，斯密研究者往往关注他的"尚武精神"，而没有注意到，在斯密看来，军事行动往往意味着群体或劳动行为。关于商业和军事理想之间的张力问题，请参阅Spiros Tegos，"Adam Smith: Theorist of Corruption"，载于*Oxford Handbook of Adam Smith*，第353—371页。

[16] 在此，我们可能会想到普雷斯顿·斯特奇斯（Preston Sturges）1942年的电影《棕榈滩故事》（*Palm Beach Story*）中的一幕，既令人震惊又让人不安。在影片中，一群度假的有钱人在酒精的刺激之下，开始向火车餐车开枪。看到他们如此兽性大发，非裔酒保忙不迭地躲避子弹。这一场景成为类似电影场景的原型：一群闯入者表现出的“没心没肺的”残忍。

第七章
岁月流逝中的快乐：
简·奥斯丁

[1] 引自Jane Austen, *Northanger Abbey*, ed. Marilyn Butler（London: Penguin Books, 1995），第4页。

[2] 关于奥斯丁小说中似是而非、难以理解的修辞，不同学者的见解不同，请参阅D. A. Miller, *Jane Austen, or, The Secret of Style*（Princeton: Princeton University Press, 2003）；Alex Woloch, *The One vs. the Many: Minor Characters and the Space of the Protagonist in the Novel*（Princeton: Princeton University Press, 2003），第1章。

[3] Jane Austen, *Sense and Sensibility, in The Complete Novels of Jane Austen*, 2 volumes (New York: Modern Library,1992), vol.1, p.114.

[4] Jane Austen, *Pride and Prejudice*, in *The Complete Novels of Jane Austen*, vol.1, p. 422.

[5] Jane Austen, *Emma*, in *The Complete Novels of Jane Austen*, vol 2, p. 162.

[6] Jane Austen, *Northanger Abbey*, in *The Complete Novels of Jane Austen*, vol. 2, p. 445.

[7] Jane Austen, *Persuasion*, in *The Complete Novels of Jane Austen*, vol. 2, pp. 638 and 639.

[8] 南希·阿姆斯特朗（Nancy Armstrong）强调婚姻契约结

构为女性作家或家庭经验作家提供了一种叙事范式，在此我将讨论超乎契约之外的一些内容。请参阅*Desire and Domestic Fiction: A Political History of the Novel*（Oxford: Oxford University Press, 1987），第1章。大卫·考夫曼（David Kaufmann）追溯了小说中介于法律与个人之间变化的礼仪观念，请参阅“Law and Propriety, Sense and Sensibility: Austen on the Cusp of Modernity,” ELH 59.2（1992），第385—408页。

[9] *The Polite Lady; or, A Course of Female Education in a Series of Letters, from a Mother to a Daughter* (Philadelphia: Mathew Carey, 1798)，p.243. 这是第38封信。我引用的是美国版。这段文字最早出现于18世纪60年代的伦敦。关于快乐家庭生活的背景信息，请参阅Christina Kotchemidova, “From Good Cheer to ‘Drive-By Smiling’: A Social History of Cheerfulness,” *Journal of Social History* 39.1(2005)，第5—37页。

[10] 关于奥斯丁的叙事声音是资产阶级情感和公众愿景之间的妥协方面的有趣研究，请参阅Franco Moretti in *The Bourgeois: Between History and Literature*（New York: Verso, 2013），第96—98页。

[11] 阿姆斯特朗指出，奥斯丁笔下的女主角通常拒绝编故事，尤其是爱情故事，比如艾玛和伊丽莎白·班纳特，请参阅*Desire and Domestic Fiction*，第150—152页。相比之下，这并不能一概而论，可见于两代人之间关于故事的争论。在一篇围绕威洛比带来的屈辱而引发奥斯丁之尴尬的文章中，大卫·诺斯沃德（David Souward）指出：不管怎样，“《理智与情感》最详尽地展现了奥斯丁的情感处理方式”。See Southward, “Jane Austen and the Riches of Embarrassment,” *Studies in English Literature, 1500–1900* 36.4 (1996)，pp.763-784.

[12] 关于在后现代语境中见证一种新型的“苦行”伦理之

重要性，请参阅Rosi Braidotti, *Transpositions: On Nomadic Ethics* (London: Polity, 2006), pp. 179–182。Jane Austen, *Mansfield Park*, in *The Complete Novels of Jane Austen*, vol. 2.

第八章
资本主义时期的快乐野心：从狄更斯到阿尔杰

[1] 关于狄更斯的作家生涯与其作品中劳动叙事的复杂关系，以下作品提供了富有洞察力的讨论：Alexander Welsh，*From Copyright to Copperfield*（Cambridge, MA: Harvard University Press, 1978），特别是第8章。关于另外一个观点：家庭处于与经济的"永久斗争"中，请参阅Matthew Titol, "The Clerk's Tale: Liberalism, Accountability, and Mimesis in David Copperfield," ELH 70.1（2003）,第171—195页。

[2] Samuel Smiles, *Self-Help: With Illustrations of Character and Conduct*. 我引用的是1864年波士顿版，可通过liberty fund. org网站访问https://oll.libertyfund. org/titles/smiles-self-help-with-illustrations-of-character-and-conduct。引文来自第74页和第378页。值得一提的是，斯迈尔斯认为快乐的工作在本质上是英国式的。他提到约西亚·韦奇伍德（Josiah Wedgwood）："这是我们国家的光荣，这样的男人比比皆是……是他们证明快乐诚实地努力工作可以发家致富。"（第27页）关于斯迈尔斯对狄更斯的影响，请参阅"*Great Expectations and Self-Help:* Dickens Frowns on Smiles," by Jerome Meckier, *Journal of English and Germanic Philology* 100.4 (2001)，第537—554页。

[3] Charles Dickens, *David Copperfield* (New York: Random House, 2012), p. 3.

[4] 关于这些女性人物之间的关系，但不涉及狄更斯所使用的心理词汇，请参阅Welsh, *From Copyright to Copperfield*，第9章。通过讨论天使形象来描述艾妮斯在小说中的作用，其中未涉及她的快乐，请参阅Alexander Welsh, *The City of Dickens* (Oxford: Clarendon Press of Oxford University Press,1971)，第11章。

[5] Welsh, *From Copyright to Copperfield*, p. 109.关于小说中时间和工作的作用之详尽的历时描述，请参阅Jennifer Ruth, "Mental Capital, Industrial Time, and the Professional in 'David Copperfield'," *NOVEL: A Forum on Fiction* 32.3（1999），第303—330页。

[6] Horatio Alger, *Ragged Dick or, Street Life in New York with the Boot-Blacks*, ed. David K. Shipler (New York: Modern Library, 2005), p. 4.

第九章
快乐之歌与自然之乐：弥尔顿与华兹华斯

[1] Ralph Waldo Emerson, "Self–Reliance," in *Essays and Lectures*, ed. Joel Porte (New York: Library of America,1983), p. 261.

[2] 当然，游吟诗人的目标往往是被他们称为"joi"的东西——一种超验性的快乐，无论是性的还是精神上的。这是一个有价值的目标，但往往被推迟或铭记；相比之下，欢乐（gaiety）不仅在场，而且至关重要。

[3] 参见Bernard的诗"Lo gens tems de pascor," in Martín de Riquer's anthology, *Los Trovadores* (Madrid: Planeta, 2011)，第356页。关于类似术语的另一种用法，请参阅同一卷第740页：Bertran de Born's "Be'm platz lo gais temps de pascor"。在第1004页，雷蒙·德·米拉瓦尔（Raimon de Miraval）如此赞扬和煦春光，"l'aur'es dous'e–'l temps gais"。

[4] *Poeti del Dolce Stil Novo*, ed. Gianfranco Contini（Milan: Ricciardi, 1960），第55页，引文部分为自译。意大利语原文如下：

Fresca rosa novella,
piacente primavera,
per prata e per rivera
gaiamente cantando,
vostro fin presio mando — a la verdura.
Lo vostro presio fino

in gio' si rinovelli
da grandi e da zitelli
per ciascuno camino
e cantinne gli auselli
chiascuno in suo latino
da sera e da matino
su li verdi arbuscelli
Tutto lo mondo canti
po' che lo tempo vene,
sì come si convene,
vostr'altezza presiata:
ché siete angelica —crïatura.

后面还有两段。

[5] Pierre de Ronsard, *Les amours*, ed. Marc Bensimon (Paris: Garnier–Flammarion, 1981), pp. 100 and 166; Maurice Scève, *Délie*, ed. by Françoise Charpentier (Paris: Gallimard, 1984), no. 148; for Spenser, see Emrys Jones, ed., *The New Oxford Book of Sixteenth-Century Verse* (Oxford: Oxford University Press, 1991), p. 281; *Henry Vaughan*, ed. Louis L. Martz (Oxford: Oxford University Press, 1996), p. 36; Thomas Gray, "On the Death of Richard West," https://www.poetryfoundation.org/poems/44305/on–the–death–of–richard–west.

[6] *Petrarch's Lyric Poems*, trans. Robert M. Durling(Cambridge, MA: Harvard University Press, 1976), nos. 356 and 353; for Shakespeare, see *The Sonnets and Narrative Poems*, ed. William Burto (New York: Knopf, 1992), sonnet 92, p. 51. For Sidney, see *Silver Poets of the Sixteenth Century*, ed. Gerald Bullett (London: Everyman's Library, 1970), p. 201. For the Bishop poem, see Elizabeth Bishop, *Poems* (New York: Farrar, Strauss & Giroux, 2011), p. 59.

[7] John Milton, *Complete Poems and Major Prose*, ed. Merritt Y. Hughes (Indianapolis: Bobbs Merrill, 1978), book 2, vv. 487–492.

[8] Esther Yu, "Tears in Eden: The Tragedy of the Tender Conscience," *Representations* 142 (Spring 2018), p.23. 感谢余教授的论文及谈话帮助我构建对弥尔顿的解读。

[9] 关于"消散"夏娃的痛苦，请参阅Michael Schoenfeldt, "'Commotion Strange': Passion in *Paradise Lost*," in Gail Kern Paster, Kathrine Rowe, and Mary Floyd–Wilson, eds., *Reading the Early Modern Passions*（Philadelphia: University of Pennsylvania Press, 2004）, pp. 59–60。

[10] John Milton, *Areopagitica*, in *Complete Poems and Major Prose*, pp. 744–745.

[11] William Wordsworth, "London," in *William Wordsworth*, ed. Stephen Gill (Oxford: Oxford University Press,1984), p. 286.

[12] William Wordsworth, "Lines Written a Few Miles Above Tintern Abbey," in *William Wordsworth*, pp. 131–35.

[13] 伯克提到了时间流逝中的快乐，但很快又予以否认，请参阅Edmund Burke, *A Philosophical Inquiry into the Origin of Our Ideas of the Sublime and Beautiful*（London: John C. Nimmo,1887），第3部分第15节及第4部分第15节。

[14] William Wordsworth, "Michael," in William Wordsworth, pp. 225–236. 关于这首诗的语境及其对华兹华斯的重要性，请参阅至今仍可从中受益的著名评论：Geoffrey H. Hartman, *Wordsworth's Poetry* 1787–1814（New Haven: Yale University Press, 1971），第260—266页；对这首诗的重要政治解读，请参阅Marjorie Levinson, *Wordsworth's Great Period Poems: Four Essays*（Cambridge: Cambridge University Press, 1986）。有关景

观与情感景观之间的张力，请参阅Jerome J. McGann, *The Romantic Ideology: A Critical Investigation*（Chicago: University of Chicago Press, 1983），第8章；对上述两种著作的解读，请参阅Alan Liu, *Wordsworth: The Sense of History*（Stanford: Stanford University Press, 1989），第216–218页。

[15]《圣经》中的典故，以及对劳动在诗中如何发挥作用的叙述（尽管并未涉及情感生活），可见Marjorie Levinson, *Wordsworth's Great Period Poems*，第2章。

第三部分
现代社会中的快乐

第十章
快乐的科学家：哲学和诗歌

[1] Friedrich Nietzsche, "Nietzsche contra Wagner," in "*The Anti-Christ*," "*Ecce Homo*," "*Twilight of the Idols and Other Writings*," trans. Judith Norman (Cambridge: Cambridge University Press, 2005), p. 280. "Nietzsche contra Wagner" 的德语引文来自*Nietzsche Werke: Kritische Gesamtausgabe*, ed. Giogio Colli and Mazzino Montinari, 30 vols. in 8 sections（Berlin: Walter de Gruyter,1967—），这里选用的引文来自第3卷第6部分。尼采所言用意志对抗痛苦的原文——"und es dem Indianer gleichthun, der, wie schlimm auch gepeinigt, sich an seinem Peiniger durch die Bosheit seiner Zunge schadlos hält"（p. 435）。

[2] 我们会注意到，尽管尼采对饮食和健康问题很感兴趣，但他在著作中却极少真正地提到身体。

[3] Friedrich Nietzsche, *The Gay Science*, trans. Josefine Nauckhoff (Cambridge: Cambridge University Press, 2001)，book 2, no.92, p.90. 我也借鉴了法语译本：Pierre Klossowski, *Le gai savoir*（Paris: Gallimard, 1982）。

[4] Ralph Waldo Emerson, "The Poet," in *Essays and Lectures*, ed. Joel Porte (New York: Library of America, 1983).

[5] 有关卡维尔关于爱默生和尼采的讨论，请参阅*Conditions Handsome and Unhandsome: The Constitution of Emersonian Perfectionism*（Chicago: University of Chicago Press, 1990），第1章；Branka Arsic的评论请参阅*On Leaving: A Reading in Emerson*（Cambridge, MA: Harvard University Press, 2010），第87–89页、第336页。

[6] Friedrich Nietzsche, *The Birth of Tragedy*, trans Ronald Speirs (Cambridge: Cambridge University Press, 1999), p. 4.我略微改动了翻译——斯皮尔（Speirs）在这里使用“宁静”（serenity）一词，以暗示启蒙运动批评希腊艺术中所谓的古典平衡。德语原文为“Genügsamkeit und Heiterkeit des theoretischen Menschen”。Friedrich Nietzsche, *Die Geburt der Tragödie*, in *Nietzsche Werke*，section 3, part 1, p.6. 选自序言《一种自我批评的尝试》（“self–critique”）。

[7] “Den ernsthaften und bedeutenden Begriff der ‘griechischen Heiterkeit’ ……den falsch verstandenen Begriff dieser Heiterkeit im Zustande ungefährdeten Behagens aus allen Wegen und Stegen der Gegenwart antreffen.” *Die Geburt der Tragödie*, p. 6.关于德国语言学和古典主义传统试图将“古典”理论化的矛盾叙事，请参阅James I. Porter, “What is ‘Classical’ about Classical Antiquity?: Eight Propositions,” *Arion* 13.1 (2005)， 第27—61页。有关尼采与语言学及希腊之关系的广泛探讨，请参阅James I. Porter, *Nietzsche and the Philology of the Future*（Stanford: Stanford University Press, 2000）。

[8] Friedrich Nietzsche, *The Genealogy of Morals*, trans Walter Kaufmann, in *The Basic Writings of Nietzsche* (New York: Modern Library,1968), p.478. Here is the German：“Ihre Gelichgültigkeit und Verachtunggegen Sicherheit, Leib, Leben, Behagen, ihre entsetzliche Heiterkeit und Tiefe der Lust in allem Zerstören.” Friedrich Nietzsche, *Zur Genealogie der Moral*, in *Nietzsche Werke*, section 6, part 2, p. 289.

[9] Friedrich Nietzsche, *The Case of Wagner*, trans. Walter Kaufmann, in *Basic Writings of Nietzsche*, p. 616. “Die Rückkehr zur Natur, Gesundheit, Heiterkeit, Jugend, Tugend!” Friedrich Nietzsche, *Der Fall Wagner*, in *Nietzsche Werke*, section 6, part 3, no. 3, p. 10.

[10] 关于尼采与“榜样”人物的关系，以及爱默生等人对尼采的影响，请参阅James Conant, “Nietzsche's Perfectionism: A Reading of *Schopenhauer as Educator*” in Richard Schacht, ed., Nietzsche's Postmoralism（Cambridge: Cambridge University Press, 2001），第181—257页。关于爱默生对典范的兴趣，请参阅Judith N. Shklar, “Emerson and the Inhibitions of Democracy,” in Stanley Hoffmann and Dennis F. Thompson, eds., *Redeeming American Political Thought*（Chicago: University of Chicago Press, 1998），第4章。Klossowski的法语版《快乐的科学》（*Le gai savoir*）中包含尼采在写作该书期间，关于爱默生的注释。我也推荐Benedetta Zavatta，*Individuality and Beyond: Nietzsche Reads Emerson*, trans. Alexander Reynolds（Oxford: Oxford University Press, 2019）。在我写作本书时，由于时间关系，未来得及细读此书。

[11] 顺便将尼采与他所憎恶的哲学家约翰·斯图亚特·密尔（John Stuart Mill）的著作进行对比，也许会有所助益。密尔在他的《宗教三论》（*Three Essays on Religion*, 1875）中，歌颂“居住在现在和未来的光明面”的价值观。他断言，生活中的最大祝福在于“开朗的性格”。这意味着尽管现实黯淡，但开朗的人总是会发挥想象力，进而“保持积极的能量，处于有序状态”。密尔说，如果死亡是不可避免的，我们就不应该去想它——“要做到这一点，不是去一直思考死亡，而是去思考我们的责任和生命的法则”。尽管缺乏任何明确的证据，他接着提出，这种“充满希望”的愿景可以帮助我们维持上帝的存在（而尼采则断言上帝已死）。正如外部现实尽管看起来黯淡，但快乐的精神能让人保持快乐，我们必须对救恩保持希望并履行我们的职责。就本书而言，除

了奇怪逻辑，密尔还有其他无关紧要的论断，比如人的个性是一成不变的，由心理品质决定，如快乐。See John Stuart Mill, "On Theism," in *Essays on Ethics, Religion and Society*, ed. J. M. Robson (Toronto: University of Toronto Press, 1985), volume 10 of *The Collected Works of John Stuart Mill*, accessed through the libertyfund.org website, https://oll.libertyfund.org/titles/mill–the–collected–works–of–john–stuart–mill–volume–x–essays–on–ethics–religion–and–society. 关于尼采和密尔，参见Conant, "Nietzsche's Perfectionism"。在《偶像的黄昏》（*Twilight of the Idols*）中，尼采曾称密尔为"约翰·斯图尔特·密尔：或侮辱性的清晰"（John Stuart Mill: or insulting clarity）。我之前对理查德·沙赫特的引用来自他的文章"Nietzsche's Gay Science, Or, How to Naturalize Cheerfully," in Robert C. Solomon and Kathleen M. Higgins, eds., *Reading Nietzsche*（New York: Oxford University Press, 1988），第73页。

[12] 从与工作的关系角度对这句名言进行解读，请参阅Sianne Ngai, *Our Aesthetic Categories: Zany, Cute, Interesting*（Cambridge, MA: Harvard University Press, 2012），第223页。

[13] 沃尔特·考夫曼（Walter Kaufmann）在写给弗兰兹·奥弗贝克（Franz Overbeck）的一封信中指出，尼采哀叹爱默生缺乏严格的哲学训练——"一种真正的科学教育"。考夫曼还注意到爱默生在日记中的自我描述为"快乐科学教授"。参见考夫曼所译的《快乐的科学》[The Gay Science（New York: Random House, 1974）] 前言部分，第7–13页。关于《快乐的科学》中的"科学"元素，请参阅Babette Babich, "Nietzsche's 'Gay' Science," in Keith Ansell–Pearson, ed., *A Companion to Nietzsche*（Oxford: Blackwell, 2006），第97–114页。

[14] See Laura Kendrick, "The *Consistori del Gay Saber* of Toulouse (1323–Circa 1424)," in Arjan van Dixhoorn and Susie Speakman Sutch, eds., *The Reach of the Republic of*

Letters: Literary and Learned Societies in Late Medieval and Early Modern Europe, 2vols. (Leiden: Brill, 2008), vol.1, pp.17–32.

[15] Friedrich Nietzsche, *Beyond Good and Evil*, trans. Walter Kaufmann, in *Basic Writings of Nietzsche*. The German is: "Den provençalischen Ritter–Dichtern zu, jenen prachtvollen erfinderischen Menschen des 'gai saber', denen Europa so Vieles und beinahe sich selbst verdankt." Friedrich Nietzsche, *Jenseits von Gut und Böse*, in *Nietzsche Werke*, section 6, part 2, no. 260, p. 222.

[16] See *Las flors del gay saber o Las leys d'amors*, ed. M. Gatien–Arnoult, trans. Le Marquis d'Aguilar (Toulouse: J.–B. Paya, 1841), 3 vols. 在谈到心（"cor"）时，"Gai" 会出现于游吟诗人的语料库中。如第9章中所见，在游吟诗中，它经常与"cortes"（礼貌的）连用。因此雷蒙·德·米拉瓦尔诗中说"un nou son gai e legier"（一首快乐又轻盈的新歌），阿尔诺·德·马雷维尔（Arnaut de Mareuil）赞颂他的姑娘"有一颗快乐而谦恭的心"（"Dompn'ab cors gai, cortes"）。贝特伦·德·波恩（Betran de Born）笔下的女性形象是"快乐、谦恭、令人愉悦的"（E il gai e il cortes e il plazen）。"Saber"一词可用于任何语境，有时可指代诗歌的创作。因此，高塞尔姆·弗茨（Gaucelm Faudit）说："我忠实而美好的心被我的宫廷知识［saber］所感动，因为爱教会我写诗。"（"Mos ferms cors fis, / Movon tuit miei cortes saber– / C'Amors m'ensegna / Cansons far"）。我通过芝加哥大学的ARTFL在线搜索引擎提供的索引，探索了游吟诗人语料库，参见https://artfl–project.uchicago.edu。以下权威文集亦有助益：Martín de Riquer, *Los trovadores* (Barcelona: Ariel, 2011)。关于《快乐的科学之花》之中的语言政治，请参阅Catherine Léglu, "Languages in Conflict in Toulouse: 'Las Leys d'Amors,'" *Modern Language Review* 103.2 (2008)，第383–396页。有关游吟诗歌文化的影响，请参阅Roger Boase, *The Troubadour Revival: A Study of Social*

Change and Traditionalism in Late Medieval Spain（London: Routledge, 1978）。有关尼采和“快乐的科学”的一般评论，请参阅沃尔特·考夫曼译本中的引言第5–6页。不过，他对游吟诗人的记叙仅为1955年版的《牛津英语短词典》（*The Shorter Oxford English Dictionary*）提供了参考。尼古拉斯·埃尔米特（Nicolas L'Hermitte）认为，游吟诗人的诗歌为尼采提供了一种诗歌创作的模式，这种模式扫除了柏拉图和亚里士多德传统所施加的限制。See L'Hermitte, “The Troubadours through the Eyes of Nietzsche,” *Exemplaria*, 25.2 (2019), pp.110–129.

[17] Friedrich Nietzsche, *Die Fröhliche Wissenschaft*, in *Nietzsche Werke*, section 5, part 22, no. 343, p. 255. 关于该标题的趣味历史，请参阅Rolando Pérez, “Towards a Genealogy of the Gay Science: From Toulouse and Barcelona to Nietzsche and Beyond,” *eHumanista/IVITRA* 5 (2014), pp. 546–603, https://www.researchgate.net/ publication/331998035_Towards_a_Genealogy_of_the_Gay_Science_From_Toulouse_and_Barcelona_to_Nietzsche_and_Beyond。有关“爱的法则”背景下的法律问题研究，请参阅Peter Goodrich, “Gay Science and the Law,” in Victoria Kahn and Lorna Hutson, eds., *Rhetoric and Law in Early Modern Europe*（Princeton: Princeton University Press, 2001）, pp. 95–124。

[18] “Stehen wir vielleicht zu sehr noch unter *den nächsthen Folgen dieses Ereignisses* ... eine neue ... Art von Licht, Glück, Erleichterung, Erheiterung, Ermuthigung, Morgenröthe.” *Die Fröhliche Wissenschaft*, p. 256. 我在这里稍微修改了译文，以捕捉其中一带而过的“快乐”维度。

[19] The German is: “Endlich erscheint uns der Horizont wieder frei ... endlich dürfen unsre Schiffe wieder auslaufen ... vielleicht gab es noch niemals ein so ‘offnes Meer.’” *Die Fröhliche Wissenschaft*, p. 256.

[20] 事实上，康德用“Fröhlichkeit”“Heiterkeit”来描述儿童的游戏之乐，他说：“孩子们看起来应该像太阳一样敞开心扉，愉快开朗。只有一颗快乐的心，才能在善中找到快乐。使人忧郁的宗教是错误的宗教，因为我们应该以一颗喜乐的心侍奉上帝，而不是出于强迫。”（Kinder müssen auch offenherzig sein und so heiter in ihren Blicken wie di Sonne. Das fröliche Herz allein ist fähig, Wohlgefallen am Guten zu empfinden. Eine Religion, die den Meschen finster macht, ist falsch, denn er muss Gott mit frohem Herzen und nicht aus Zwang dienen.）Immanuel Kant, *On Pedagogy*, trans. Annette Churton (Boston: Heath, 1900), p. 44; Kant, *Über Pädagogik*, ed. D. Friedrich Theodor Rink (Königsberg: Nicolovius, 1803), n.p.这一部分是关于道德教育的，之后康德转而探讨实践教育的问题。

[21] See Friedrich Kluge, *Etymologisches Wörterbuch der Deutschen Sprache*, 18th ed., ed. Walter Mitzska (Berlin: Walter de Gruyter, 1960). “Froh”一词也源于古高地德语词汇“frao”，意为“快的”或“匆忙的”。雅各布·格林和威廉·格林（Jakob and Wilhelm Grimm）编撰的经典《德语词典》中收录了拉丁文“laetus”，我使用的是1877年版，由莱比锡汉斯出版社（S. Hirzel in Leipzig）出版。

[22] Nietzsche, “Nietzsche contra Wagner,” trans. Norman, pp. 281–82; *Nietzsche Werke*, pp. 436–37.

[23] 根据弗里德里希·克鲁格（Friedrich Kluge）的《词源学词典》（*Etymolo-gisches Wörterbuch*），“Heiterkeit”一词源于古高地德语词汇，意思是“清晰的”。格林兄弟提到了拉丁同义词serenus、clarus、resplendens、hell（bright）、glanz（shining）。

[24] “Dazu thut noth, tapfer bei der Oberfläche, der Falte, der Haut stehn zu bleiben, den Schein anzubeten, an Formen, an Töne, an Worte, an den ganzen *Olymp des Scheines* zu

glauben." "Nietzsche contra Wagner," p. 437.

[25] "Lapis Lazuli," in William Butler Yeats, *The Collected Poems of W. B. Yeats*, ed. Richard J. Finneran (New York: Collier, 1989), pp. 294–295. 因为这首诗很短，所以我在引述时省略了行号。《天青石雕》是叶芝于1938年出版的诗集《新诗》（*New Poems*）中的第二首诗。它排在《螺旋》（"The Gyres"）之后，其中有这样的诗句："赫克托尔已死，特洛伊有灯光照耀；/我们旁观者在悲剧的欢乐中大笑。"（"Hector is dead and there's a light in Troy; / We that look on but laugh in tragic joy."）这几行诗成为文艺复兴诗歌研究著作标题的灵感来源，参见Thomas M. Greene, *The Light in Troy*（New Haven: Yale University Press,1982），这本书对现代诗歌持悲观态度，认为它已陷入模仿古人的游戏之中。在我看来，《天青石雕》对于诗歌与历史的关系提供了一个不同的视角。

[26] 叶芝对尼采和快乐之歌似乎一直抱有认真的兴趣。早在1902年，他就在写给格雷戈里夫人（Lady Gregory）的信中提到尼采，称他为"那个强大的魔法师"，"我读了很多他的书"，"我的视力又下降了……尼采让布莱克更完整，他们诗出同源——自从我迷上莫里斯（Morris）的故事以来，还没有什么能够令我如此如痴如狂"。Letter of September 26, 1902, in *The Letters of W. B. Yeats*, ed. Allan Wade (London: Rupert Hart–Davis, 1954), p. 379。

[27] 在给多萝西·韦尔斯利（Dorothy Wellesley）的一封信中，叶芝强调了当下诗歌的英雄维度："我认为我们这个时代真正的诗歌运动是朝着某种英雄主义的方向发展的。沉迷于道德的人总是失去英雄般的狂喜。"他引用了欧内斯特·道森（Ernest Dowson）的一首诗，诗中提到了"英雄情绪"的"痛并快乐着的"本质。正是在这里，他提到了收到的天青石雕："中国雕刻家的伟大作品"，"唯美的、率真的、坚硬的石头，感性东方的永恒主题"。他评论道："绝望中的英雄呐喊。但是不，我错了，东方

总是有自己的解决方案，所以不会有悲剧发生。是我们必须发出英雄的呐喊，而不是东方。" Letter to Dorothy Wellesley of July 6, 1935, in *The Letters of W. B. Yeats*, pp. 836–837.

第十一章
令人惊叹！
——自助和自我推销

[1] F. Scott Fitzgerald, *The Great Gatsby* (New York: Scribner, 2018), p. 9. 小说第44页提到"分光镜般的快乐"。菲茨杰拉德用来描述参加盖茨比派对的东埃格（East Egg）老钱人士对其的鄙视："这伙人不东扯西拉，而摆出骄矜的样子，俨然自封为庄重的乡间贵族代表——东埃格村屈尊莅临西埃格村，而又小心谨慎，提防灯红酒绿、寻欢作乐有损体面。"这或许会让我们想到简·奥斯丁笔下的野餐会，只不过它已迷失在20世纪的狂热之中。早先对尼采的引用请参阅 *The Gay Science*, trans. Josefine Nauckhoff（Cambridge: Cambridge University Press, 2001）, p. 199。有关盖茨比"分光镜般的快乐"在现代美国文化中的持久性，请参阅Greil Marcus, *Under the Red White and Blue: Patriotism, Disenchantment, and the Stubborn Myth of the Great Gatsby*（New Haven: Yale University Press, 2020）。

[2] *The Boy Scouts Handbook* (New York: Boy Scouts of America,1911), pp. 244–245.

[3] Ibid., p.7.

[4] See Hochschild's classic study：*The Managed Heart: Commercialization of Human Feeling* (Berkeley: University of California Press,1983).

[5] William James, *The Varieties of Religious Experience, in William James: Writings 1902–1910*, ed. Bruce Kuklick (New York: Library of America, 1987), pp. 87, 91, 93.

[6] Orison Swett Marden, *Cheerfulness as a Life Power*, p. 8, accessed via Freeditorial.com at https://freeditorial.com/en/

books/cheerfulness-as-a-life-power.

[7] Ibid., p.21.

[8] 同上，第52页。我们可以将这些关于快乐的爱国主义维度讨论与法国记者马克斯·奥莱尔（Max O'Rell）的作品进行对比。奥莱尔拥有众多读者，在世纪之交发表了几篇文章，其主题为法国人突出的“快乐”个性，他将这种快乐与美食、美酒和活跃的性生活联系起来。See, for example, “Studies in Cheerfulness–I,” *The North American Review* 167.505 (1898), pp. 690–697.

[9] Norman Vincent Peale, *The Power of Positive Thinking* (New York: Simon and Schuster, 2015), p.1.

[10] 在皮尔写于20世纪60年代社会动荡时期的作品*Enthusiasm Makes the Difference*（New York: Fireside Books, 1967）中，他从代际角度改写了爱国主题，将“乐观、快乐、充满希望的人”（第3页）与“不仅藐视父母和老师，而且藐视理发师的反叛者”（第4页）进行了对照。

[11] Peale, *The Power of Positive Thinking*, p. 163.

[12] Ibid., p. 59.

[13] Ibid., pp. 60 and 61.

[14] 同上，第162、第163页。值得注意的是，美国人自我完善的另一本圣经—戴尔·卡耐基的《人性的弱点》（*How to Win Friends and Influence People*），强调的是深受童子军精神影响的快乐，它更关注的是身体语言：“走出家门的时候，请收紧下颌，高昂起头，让空气充满肺腑，让阳光沐浴身心。向朋友问好时记得微笑，握手的时候请真心诚意……请端正心态，学会无畏、坦率、乐观，因为正确的思维是创造一切的前提……倘若你心意

坚定，你就不会迷失方向。收紧下颌，高昂起头——你将成为自己的神。”①Dale Carnegie, *How to Win Friends and Influence People* (New York: Gallery Books,1981), p. 69.

[15] For this history, see James Gray, *Business without Boundary: The Story of General Mills* (Minneapolis: University of Minnesota Press, 1954), pp. 214–17.

第十二章
“拿去吧，萨奇！”：黑暗中的快乐

[1] Theodor W. Adorno, “Is Art Lighthearted,” in *Notes to Literature, II*, trans. Shierry Weber Nicholsen (New York: Columbia University Press, 1992), p. 249. The German appears in *Noten zur Literatur*, ed. Rolf Tiedmann (Frankfurt am Main: Suhrkamp, 1981), p. 600. 在*Jazz as Critique: Adorno and Black Expression Revisited*（Stanford: Stanford University Press, 2018）一书中，Fumi Okiji在他的美学理论中引用了阿多诺的另一个观点，即“快乐”艺术（他似乎指的是娱乐）在现代世界中必然是不负责任的，因为它构成了一种不公正，即“日积月累的、无言的痛苦”。通过解读弗雷德里克·道格拉斯（Frederick Douglass）的作品，Okiji继续运用阿多诺的观点，说明现代人误将非裔美国人的哀歌解读为“快乐之歌”。正如我在这里指出的，路易斯·阿姆斯特朗的改编和改写能力，作为一种工具重塑了一种快乐，这种快乐与阿多诺所言所有正规艺术（如贝克特）中的悲观情绪完全不同，这种艺术在他看来，只是提供“某种类似愉悦的东西”——又一个限定词。See Adorno, *Aesthetic Theory*, trans. Robert Hullot-Kentor (Minnesota: University of Minnesota Press, 1997), p. 40.

[2] Saidiya Hartman, *Scenes of Subjection: Terror, Slavery, and Self-Making in Nineteenth-Century America* (Oxford: Oxford University Press, 1997), pp. 32–42. 感谢James Porter为我提

---

① 译文选自《人性的弱点》（陶曚译），天津人民出版社，2014年。

供文献来源。另外对于同一事件的不同解读，其中强调林肯在见到奴隶时情绪低落，参见David Herbert Donald, *Lincoln* (New York: Simon and Schuster,1995), p. 89。后文中写道，林肯深受这一景象困扰。14年后林肯故地重游，在1855年8月24日写信给约书亚·斯皮德（Joshua Speed），哀叹《堪萨斯–内布拉斯加州法案》（Kansas–Nebraska Act）开启了奴隶制度，他说“这情景一直折磨着我”，再也没有提及引文中的“快乐”。请参阅Donald, *Lincoln*，第166页。林肯的信请访问http://144.208.79.222/~abraha21/alo/lincoln/speeches/speed.htm。

[3] W. E. B. Du Bois, *The Souls of Black Folk, in Writings*, ed. *Nathan Huggins* (New York: Library of America, 1986), pp. 545–546. 关于杜波依斯将歌曲改编为传统歌词而产生的问题，请参阅Eric J. Sundquist, *To Wake the Nations: Race in the Making of American Literature*（Cambridge, MA: Harvard University Press, 1993），第5章。“为疲惫的赶路人加油”很快被汉普顿学院的音乐总监、著名作曲家和编曲家R. Nathaniel Dett改编成合唱。See his *Religious Folk-Songs of the Negro as Sung at Hampton Institute* (Hampton: Hampton Institute Press, 1927).

[4] 报告称阿姆斯特朗乐队的成员连续数了250个高音C，请参阅Terry Teachout, in *Pops*（New York: Houghton Mifflin, 2009）, p. 173。Okiji引用了Fred Moten关于非裔美国人表演的“模糊歌词”的观点，认为这很难描述，请参阅*Jazz as Critique*, pp. 82–83。关于阿姆斯特朗如何在衬词唱法（sact）中使用拟音，请参阅Brent Hayes Edwards, *Epistrophies*: Jazz and the Literary Imagination（Cambridge, MA: Harvard University Press, 2017），第1章。

[5] 关于这首歌的历史，请参阅JazzStandards.com, http://www.jazzstandards.com/compositions–0/onthesunnysideofthestreet.htm。许多艺术家演奏“快乐的音乐”，包括许多爵士乐艺人在内的艺人们都兴高采烈。我认为阿姆斯特朗

之所以享有超群地位，在于他在旁白、声乐创造力、自我评论等方面的独创及才华。海斯·爱德华兹（Hayes Edwards）也提出了类似的观点，加里·吉登斯（Gary Giddens）发现阿姆斯特朗的天才不仅在于唱歌或演奏，而且在于语言的性感——通过咕哝、俏皮话、旁白、手势等实现的自我展示。Edwards, *Epistrophies*, p. 37.

[6] 关于录音细节，请参阅Teachout, *Pops*, pp. 310–312。关于阿姆斯特朗所有曲子的各种版本的权威记录，可参阅Ricky Riccardi，“60 Years of ‘Mack The Knife,’”，*The Wonderful World of Louis Armstrong*, https://dippermouth.blogspot.com/2015/09/60-years-of-mack-knife.html。

[7] Bertolt Brecht, “The Literarization of the Theater,” in *Brecht on Theater: The Development of an Aesthetic*, ed. and trans. John Willett (New York: Hill and Wang, 1992), p. 45.

[8] Teachout, *Pops*, p. 310，声称阿姆斯特朗在“叫喊”的时候嘴巴从麦克风移开。在我看来，这一描述并不准确，这不过是低语的旁白。

[9] 在这方面，我们可以通过将始于20世纪50年代末的“冷酷”气质，与阿姆斯特朗的反讽进行对比，二者看似截然不同。“冷酷”的艺术家，如迈尔斯·戴维斯（Miles Davis），他总是给人一种心不在焉的感觉，从而制造冷酷的感觉。而阿姆斯特朗的在场具有双重性，他在表演时，同时观察自己的表演人格。关于“冷酷”气质的起源，请参阅Joel Dinerstein, *The Origins of Cool in Postwar America*（Chicago: University of Chicago Press, 2017）。

[10] 关于阿姆斯特朗所言“白人都叫我路易”，请参阅Gary Giddens, *Satchmo*（New York: Doubleday, 1988）, p. 120。有关贝蒂娃娃（Betty Boop）的卡通片，参见第126页。有关《你好，多莉!》的演出及影响等详细信息，参见Teachout, *Pops*，第12章。

[1] Lauren Berlant, *Cruel Optimism* (Durham: Duke University Press, 2011). 关于情感在晚期资本主义时期的挣扎，参见Antonio Negri and Michael Hardt, "Value and Affect," *boundary* 2 26.2 (Summer 1999), pp. 77–88。我之所以说"自文艺复兴以来"，是因为根据达林·麦克马洪（Darrin McMahon）的观点，现代性的特征之一是越来越多的人认为我们应该能够更好地控制和管理我们的情感生活，*Happiness: A History* (New York: Grove Press, 2006).

[2] 关于表情符号的历史和效果，请参阅Luke Stark and Kate Crawford, "The Conservatism of Emoji: Work, Affect, and Communication," *Social Media + Society* 1.2(July–December 20 15), pp. 1–11。感谢我的同事雅各布·加布里（Jacob Gaboury）让我注意到了这篇文章。

[3] See "Trump Says He's a Cheerleader for USA: We Need a Quarterback," CNN.com, April 1, 2020, https://www.cnn.com/2020/04/01/opinions/trump-coronavirus-hyper-partisan-opinion-avlon/index.html.

[4] 在这一语境之下，我们还可以参考伊塔洛·卡尔维诺（Italo Calvino）所推崇的"轻盈"概念，它是在危难时刻救赎的工具。请参阅以下著作第1章中的论述：*Six Memos for the Next Millennium*, trans. Patrick Creagh（London: Jonathan Cape, 1992）。